"十四五"高等学校新工科计算机类专业系列教材

数据科学与大数据技术　　总主编　陈　明

可视化数据分析

张　勇　王博岳　胡永利 ◎ 主　编

中国铁道出版社有限公司
CHINA RAILWAY PUBLISHING HOUSE CO., LTD.

内 容 简 介

本书从工程实用性出发，兼顾知识体系的完备性，全面介绍了可视化数据分析的原理、过程、设计、实现各个环节所需的基本知识。全书共六章，包括数据可视化概述、数据处理可视化、数据可视化设计、可视化工具与软件、可视化方法、数据可视化综合应用案例。本书具有较强的应用价值，通过学习本书，读者可以全面提升综合运用所学知识进行数据可视化研发的能力。

本书适合作为大数据及相关专业本科的教材，也可作为相关领域技术人员的培训教材或自学参考书。

图书在版编目（CIP）数据

可视化数据分析 / 张勇，王博岳，胡永利主编.
北京：中国铁道出版社有限公司，2024.12. --（"十四五"高等学校新工科计算机类专业系列教材）.
ISBN 978-7-113-31541-2

Ⅰ. TP274
中国国家版本馆 CIP 数据核字第 2024QY0390 号

书　　名：可视化数据分析
作　　者：张　勇　王博岳　胡永利

策　　划：秦绪好　汪　敏　　　　　　　编辑部电话：（010）51873135
责任编辑：汪　敏　彭立辉
封面设计：崔丽芳
责任校对：安海燕
责任印制：赵星辰

出版发行：中国铁道出版社有限公司（100054，北京市西城区右安门西街 8 号）
网　　址：https://www.tdpress.com/51eds
印　　刷：天津嘉恒印务有限公司
版　　次：2024 年 12 月第 1 版　2024 年 12 月第 1 次印刷
开　　本：787 mm×1 092 mm　1/16　印张：12.75　字数：297 千
书　　号：ISBN 978-7-113-31541-2
定　　价：39.80 元

版权所有　侵权必究

凡购买铁道版图书，如有印制质量问题，请与本社教材图书营销部联系调换。电话：（010）63550836
打击盗版举报电话：（010）63549461

"十四五" 高等学校新工科计算机类专业系列教材
编审委员会

主　任：陈　明

副主任：宋旭明　甘　勇　滕桂法　秦绪好

委　员：(按姓氏笔画排序)

万本庭　王　立　王　娇　王　晗　王　燕
王小英　王茂发　王振武　王智广　刘开南
刘建华　李　勇　李　辉　李猛坤　杨　猛
佟　晖　宋广军　张　勇　张红军　张晓明
金松河　周　欣　袁　薇　袁培燕　徐孝凯
郭渊博　黄继海　谭　励　熊　轲　戴　红

序

习近平同志在党的二十大报告中回顾了过去五年的工作和新时代十年的伟大变革，指出："我们加快推进科技自立自强，全社会研发经费支出从一万亿元增加到二万八千亿元，居世界第二位，研发人员总量居世界首位。基础研究和原始创新不断加强，一些关键核心技术实现突破，战略性新兴产业发展壮大，载人航天、探月探火、深海深地探测、超级计算机、卫星导航、量子信息、核电技术、新能源技术、大飞机制造、生物医药等取得重大成果，进入创新型国家行列。"

"新工科"建设是我国高等教育主动应对新一轮科技革命与产业革命的战略行动。新工科重在打造新时代高等工科教育的新教改、新质量、新体系、新文化。教育部等五部门在 2023 年 2 月 21 日印发的《普通高等教育学科专业设置调整优化改革方案》"深化新工科建设"部分指出，"主动适应产业发展趋势，主动服务制造强国战略，围绕'新的工科专业，工科专业的新要求，交叉融合再出新'，深化新工科建设，加快学科专业结构调整"。新的工科专业，主要指以互联网和工业智能为核心，包括大数据、云计算、人工智能、区块链、虚拟现实等相关工科专业。工科专业的新要求，主要以云计算、人工智能、大数据等技术用于传统工科专业的升级改造，通过交叉融合再出新，推动现有工科交叉复合、工科与其他学科交叉融合、应用理科向工科延伸，形成新兴交叉学科专业，培育新的工科领域。相对于传统的工科人才，未来新兴产业和新经济需要的是实践能力强、创新能力强、具备国际竞争力的高素质复合型新工科人才。而新工科人才的培养急需有适应新工科教育的教材作为支撑。

在此背景下，中国铁道出版社有限公司联合北京高等教育学会计算机教育研究分会、河南省高等学校计算机教育研究会、河北省计算机教育研究会等组织共同策划组织"'十四五'高等学校新工科计算机类专业系列教材"。本系列教材充分吸收教育部推出"新工科"计划以来的理念和内涵、新工科建设探索经验和研究成果。

本系列教材涉及范围除了本科计算机类专业核心课程教材之外，还包括与计算机专业相关的蓬勃发展的特色专业的系列教材，例如人工智能、数据科学与大数据技术、物联网工程等专业系列教材。各专业系列教材以子集形式出现，主要有：

- "系统能力课程"系列
- "数据科学与大数据技术专业"系列
- "人工智能专业"系列
- "网络空间安全专业"系列
- "物联网工程专业"系列
- "网络工程专业"系列
- "软件工程专业"系列

本系列教材力图体现如下特点：

(1) 在育人功能上：坚持立德树人，为党育人、为国育才，把思想政治教育贯穿人才培养体系，注重培养学生的爱国精神、科学精神、创新精神以及历史思维、工程思维，扎实推进习近平新时代中国特色社会主义思想进教材、进课堂、进头脑。

(2) 在内容组织上：为了满足新工科专业建设和人才培养的需要，突出对新知识、新理论、新案例的引入。教材中的案例在设计上充分考虑高阶性、创新性和挑战度，并把高质量的科研创新成果在教材中进行了充分体现。

(3) 在表现形式上：注重以学生发展为中心，立足教学适用性，凸显教材实践性。另外，教材以媒体融合为亮点，提供大量的视频、仿真资源、扩展资源等，体现教材多态性。

本系列教材由教学水平高的专家、学者撰写，他们不但从事多年计算机类专业教学、教改，而且参加和完成多项计算机类的科研项目和课题，将积累的经验、智慧、成果融入教材中，力图为我国高校新工科建设奉献一套优秀教材。热忱欢迎广大专家、同仁批评、指正。

"十四五"高等学校新工科计算机类专业系列教材总主编 陈明[①]

2023 年 8 月

---

① 陈明：中国石油大学（北京）教授，博士生导师。历任北京高等教育学会计算机教育研究分会副理事长，中国计算机学会开放系统专业委员会副主任，中国人工智能学会智能信息网络专业委员会副主任。曾编著 13 部国家级规划教材、6 部北京高等教育精品教材，对高等教育教学、教改、新工科建设有较深造诣。

前　言

可视化数据分析技术已经成为各类数据分析的理论框架和应用中的必备要素，并且成为科学计算、商业智能、信息安全等领域的普惠技术。随着大数据、人工智能技术的发展，作为一种新兴的技术，可视化显得越发重要。社会对数据可视化设计、研发人才的知识学习技能、工程实践能力的综合要求也进一步提高，对可视化数据分析人才的需求也在逐步扩大。

数据可视化具有知识点多、实践性强的特点。本书从工程实用性出发，兼顾知识体系的完备性，全面介绍了可视化数据分析的原理、过程、设计、实现各个环节所需的基本知识，具有较强的应用价值。

本书以知识体系层次结构化与工程化案例展示相结合的方法来介绍可视化数据分析技术，依次详细介绍了数据可视化的意义与发展现状、基本理论，以及需要遵守的相关设计原则。在此基础上，介绍了数据可视化的相关工具与软件，以及大量实用的数据可视化方法，并且详细介绍了基于 D3 的数据可视化编程，以培养读者理论联系实际并指导实践的能力。此外，本书还深入浅出地介绍了两个数据可视化综合应用案例，以全面提升读者综合运用所学知识进行数据可视化研发的能力。

本书的每一章开始都设置了"学习要点""知识目标""能力目标""本章导言"，分别提出了每一章的具体学习要求、应该达到的知识学习标准和工程能力标准，以及章节内容导学。本书通过实际的数据可视化案例进行完整的需求分析、可视化设计、编程实现和案例分析，引导读者深入学习和掌握案例涉及的知识点，获得可视化数据分析技术相关知识和工程能力的综合提升。每一章都配有丰富的习题，方便读者进行复习，进一步掌握相关知识技能。正文中部分图片可通过扫描二维码查看彩色版。

本书适合作为大数据相关专业本科生的教材，也可作为相关领域技术人员的培训教材或自学参考书。

本书由北京工业大学从事大数据分析与可视化教学科研工作多年、具备丰富实践经验的一线教师张勇、王博岳、胡永利编写。其中，张勇负责整体的内容安排，并负责第1、2、5、6章的编写，王博岳负责第3、4章的撰写，胡永利负责相关理论方法及稿件的修改。

编者在本书的编写过程中得到了北京工业大学部分学生的大力支持和帮助，谨在此一并表示衷心的感谢。

由于数据可视化技术发展非常迅速，同时编者的学识和能力有限，书中难免存在疏漏与不足之处，恳请广大读者不吝指教和斧正。

编　者

2023 年 12 月于北京

目 录

第1章 数据可视化概述 ... 1
1.1 数据 ... 1
1.1.1 数据的概念 ... 2
1.1.2 数据的可变性 ... 2
1.1.3 数据的不确定性 ... 3
1.2 数据可视化 ... 5
1.2.1 日常生活中的可视化 ... 5
1.2.2 数据可视化分类 ... 7
1.2.3 可视分析学 ... 9
1.2.4 数据可视化与其他学科之间的关系 ... 10
1.2.5 数据可视化与其他领域之间的关系 ... 12
1.3 数据可视化的意义 ... 13
1.4 数据可视化发展现状及趋势 ... 15
小结 ... 18
习题 ... 18

第2章 数据处理可视化 ... 20
2.1 数据处理流程 ... 20
2.2 数据获取 ... 22
2.3 数据预处理可视化 ... 23
2.3.1 数据清洗可视化 ... 23
2.3.2 数据集成可视化 ... 26
2.3.3 数据变换可视化 ... 27
2.3.4 数据归约可视化 ... 30
2.4 数据管理与存储可视化 ... 34
2.5 数据分析与挖掘可视化 ... 35
2.5.1 探索性数据分析与可视化 ... 36
2.5.2 联机分析处理与可视化 ... 38
2.5.3 数据挖掘与可视化 ... 40
2.5.4 可视数据挖掘 ... 44

2.6 数据可视化处理分析综合实例 ················· 46
小结 ················· 51
习题 ················· 51

第3章 数据可视化设计 ················· 53
3.1 数据可视化的基本流程 ················· 53
3.2 视觉感知基本原理 ················· 55
3.2.1 视觉感知处理过程 ················· 57
3.2.2 颜色刺激理论 ················· 57
3.2.3 色彩空间 ················· 59
3.2.4 格式塔理论 ················· 61
3.3 视觉编码方法 ················· 66
3.3.1 视觉隐喻 ················· 66
3.3.2 坐标系 ················· 69
3.3.3 标尺 ················· 70
3.3.4 背景信息 ················· 71
3.4 基本的可视化图表 ················· 71
3.4.1 柱状图 ················· 71
3.4.2 直方图 ················· 73
3.4.3 饼图 ················· 73
3.4.4 折线图 ················· 74
3.4.5 散点图 ················· 76
3.5 可视化设计方法 ················· 76
3.5.1 增强图表的可读性 ················· 77
3.5.2 去除或淡化不必要的非数据元素 ················· 79
3.5.3 选择交互能力强的视图 ················· 81
3.5.4 采用动画与过渡 ················· 83
小结 ················· 85
习题 ················· 85

第4章 可视化工具与软件 ················· 86
4.1 非编程类可视化工具 ················· 86
4.2 编程类可视化工具 ················· 88
4.3 Web前端开发基础 ················· 91
4.3.1 HTML和CSS ················· 91
4.3.2 JavaScript ················· 93
4.3.3 DOM ················· 95
4.3.4 SVG ················· 96

- 4.4 D3可视化编程 ··· 97
  - 4.4.1 安装与使用 ··· 97
  - 4.4.2 选择集与数据 ··· 102
  - 4.4.3 常用组件 ··· 108
  - 4.4.4 路径生成 ··· 112
  - 4.4.5 D3数据可视化实例 ··· 121
- 小结 ··· 127
- 习题 ··· 127

第5章 可视化方法 ··· 128

- 5.1 时变数据可视化 ··· 128
  - 5.1.1 时间属性的可视化 ··· 129
  - 5.1.2 多变量时变形数据可视化 ··· 132
  - 5.1.3 流数据可视化 ··· 134
- 5.2 空间数据可视化 ··· 136
  - 5.2.1 空间标量场可视化 ··· 137
  - 5.2.2 空间向量场数据可视化 ··· 139
  - 5.2.3 空间张量场数据可视化 ··· 141
- 5.3 地理信息可视化 ··· 142
  - 5.3.1 点数据的可视化 ··· 142
  - 5.3.2 线数据的可视化 ··· 142
  - 5.3.3 区域数据的可视化 ··· 143
- 5.4 层次和网络数据可视化 ··· 144
  - 5.4.1 层次数据 ··· 144
  - 5.4.2 网络数据 ··· 147
- 5.5 文本和文档可视化 ··· 154
  - 5.5.1 文本可视化流程 ··· 155
  - 5.5.2 文本内容可视化 ··· 156
- 5.6 面向领域的可视化 ··· 162
  - 5.6.1 商业智能可视化 ··· 162
  - 5.6.2 社交网络可视化 ··· 163
  - 5.6.3 交通数据可视化 ··· 164
  - 5.6.4 气象数据可视化 ··· 165
  - 5.6.5 高性能科学计算 ··· 165
- 小结 ··· 167
- 习题 ··· 167

第 6 章　数据可视化综合应用案例 ·· 168
6.1　面向公交出行的可视化交叉检索系统 ································· 168
6.1.1　需求分析 ·· 168
6.1.2　主要功能 ·· 169
6.1.3　整体框架 ·· 169
6.1.4　视图设计 ·· 171
6.2　面向学生校园大数据的可视化分析系统 ······························ 177
6.2.1　需求分析 ·· 177
6.2.2　主要功能 ·· 178
6.2.3　整体框架 ·· 178
6.2.4　视图设计 ·· 180
6.2.5　案例分析 ·· 184
小结 ··· 187
习题 ··· 188

参考文献 ··· 189

第1章 数据可视化概述

学习要点

(1) 数据的两大特性:可变性与不确定性。
(2) 数据可视化在日常生活中的应用。
(3) 科学可视化、信息可视化、可视分析学的概念。
(4) 数据可视化与其他学科、领域之间的关系。
(5) 数据可视化的意义。

知识目标

(1) 掌握数据的两大特性。
(2) 了解数据可视化的分类、意义。
(3) 了解数据可视化与其他学科、领域之间的关系。

能力目标

了解数据可视化对生活、生产的重要影响。

本章导言

本章对数据可视化进行总体介绍,从数据概念及特征方面引出数据可视化,然后全面介绍日常生活中的数据可视化、数据可视化的分类及数据可视化的意义等。

1.1 数　　据

数据是什么?大多数人回答这个问题时都比较含糊,如"数据就像是一个电子表格或一堆数字",而一些有技术背景的人会提到数据库或数据仓库。但这些答案只解释了所采集数据的格式以及数据是如何存储的,并没有解释数据的性质和特定数据集所代表的内容,容易让人产生误解。

1.1.1 数据的概念

数据是以符号形式存储的信息,是表达客观事物的、未经加工的原始素材,如图形、数字、字母等都是数据的不同形式。数据模型是用来描述数据表达的底层描述模型,包含数据的定义和类型,以及不同类型数据的操作功能。与数据模型对应的是概念模型,它对目标事物的状态和行为进行抽象的语义描述,并提供构建、推理支持等操作。数据由数据对象及其属性组成。属性可以是值域、变量、特征或特性,如人类的体温、头发颜色等。每个数据对象都可以由一组属性描述,也称为记录、点、实例、采样、实体等。通过对数据对象的属性进行描述和分析,可以更准确地了解事物本身以及它们之间的关系。属性值用来表达属性的数值或符号,可以是任意的。在同一类属性中,可能会看到不同的属性值被赋予不同的含义。此外,不同的属性之间也可能存在相同的取值,但这些取值可能会在不同的属性下具有不同的含义和作用。因此,属性值的灵活性和多样性使得人们能够更全面地描述和区分事物的特征和属性。

数据不仅指狭义上的数字,还可以是具有一定意义的文字、字母、数字符号的组合、图形、图像、视频、音频等,也是客观事物的属性、数量、位置及其相互关系的抽象表示。例如,"0、1、2……""阴、雨、下降、气温""学生的档案记录、道路的交通状态"等都是数据。数据经过加工后就成为信息。

在计算机科学中,数据是指所有能输入计算机并被计算机程序处理的符号的总称,是具有一定意义的数字、字母、符号和模拟量等的通称。计算机存储和处理的对象十分广泛,表示这些对象的数据也随之变得越来越复杂。

1.1.2 数据的可变性

数据和所代表的事物之间的关联是实现数据可视化、全面分析数据以及深入理解数据的关键。虽然计算机可以将数字转换成不同的形状和颜色,但必须建立数据与现实世界之间的联系,以便读者能够从中获得有价值的信息。数据的复杂性来自其可变性和不确定性。因此,需要通过建立准确的关联,将数据与实际情境联系起来,并应用适当的分析方法和技术,以揭示数据背后的意义。这样才能更好地利用数据为决策和问题解决提供支持。

以某国家公路交通安全管理局发布的公路交通事故数据为例来了解数据的可变性。从 2013 年到 2022 年,根据某国国家公路交通安全管理局发布的数据,该国共发生了 344 451 起致命的公路交通事故。观察这些年里发生的交通事故会把关注焦点切换到这些具体的事故上。图 1.1 所示为

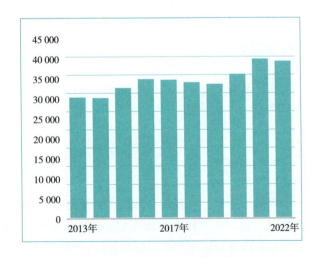

图 1.1 每年致命的交通事故数

每年致命的交通事故数。

从图 1.2 中可以看出,逐月来看,交通事故发生的季节性周期很明显。夏季是事故多发期,因为此时外出旅游的人较多。而在冬季,开车出门旅行的人相对较少,事故也就会少很多。每年都是如此。同时,还可以看到 2013 年到 2022 年呈上升趋势。

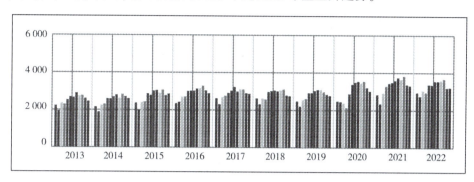

图 1.2　月度致命交通事故数

如果比较那些年的具体月份,还有一些变化。例如,在 2014 年,10 月份的事故最多,11 月份相对回落。从 2014 年到 2016 年每年都是这样。从 2017 年到 2018 年,事故也多集中在夏季。从 2020 年到 2022 年又变成了 10 月份事故最多。并且因为每年 2 月份的天数最少,事故数也就最少,只有 2016 年和 2020 年例外。因此,这里存在着不同季节的变化和季节内的变化。

此外,还可以更加详细地观察每日的交通事故数,例如高峰和低谷模式,可以看出周循环周期,周末比周中事故多,每周的高峰日在周五、周六和周日间的波动。可以继续增加数据的粒度,观察每小时的数据。

重要的是,查看这些数据比查看平均数、中位数和总数更有价值,那些测量值只是说明了一小部分信息。大多数时候,总数或数值只说明了分布的中间在哪里,而未能显示出应该关注的细节。

离群值是独立于其他数据点的异常值,可能预示着即将发生的非正常情况,所以需要进行修正或特别关注。另一方面,周期性或规律性的事件可以帮助人们为未来做好准备,但当面对大量的变化时,这种规律性往往会失效。在这种情况下,应该退回到整体和分布的层面进行观察和分析,以更好地理解数据的整体趋势和特征。通过综合考虑离群值、周期性事件,以及整体分布等因素,可以更全面地分析数据,并做出相应的决策和应对措施。

1.1.3　数据的不确定性

大多数数据是被估计出来的,并不准确。数据分析员通常研究一个样本,并用它来猜测整体情况,但这种猜测是不确定的。例如,每天都做同样的事情,所以可以用经验和知识来预测将来是否会这样做,大多数时候预测是正确的。再如,为了第二天或者下一周的旅行,查询天气情况之后发现并不准确;多次称量体重,可能会读到不同的数字;地铁预告下一班地铁将在 10 分钟内到达,但实际上地铁是过了 11 分钟才到达的;预计周一送达的快递可能会在周三送达;等等。

如果数据是一系列均值或中位数,或者基于一个样本的一些估算,应该考虑其存在的不确定性。当人们基于类似于全国人口或世界人口的预测来做影响广泛的重大决定时,这一点尤为重要,决策的制定通常都会基于这些估算值。因此,一个很小的误差将会导致巨大的差异。

现实中,所有的监测系统所采集的数据都不是完整、完美的,都会或多或少地存在误差。如图1.3所示,在降雨量数据采集过程中,自动气象站与人工雨量筒均存在4%~20%的误差。经人工检查发现,自动气象站有时会出现翻斗雨量器被杂物堵塞的情况,从而造成明显观测误差。并且在实际工作中,有时为了保证降雨量数据的连贯性与完备性,还需要通过插值估计等方法填充缺失数据。因此,降雨量数据往往包含了估计误差与设备观测误差的叠加,最终导致在预测未来降雨量时出现明显偏差。

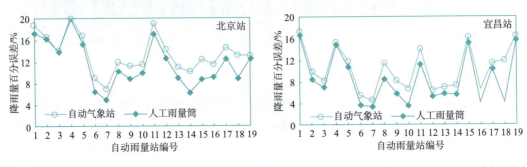

图1.3 某年6~9月19种自动雨量站降雨量与自动气象站和人工雨量筒的百分误差对比

从另一个角度想象一下,有一罐口香糖,看不到罐子里的情况,猜猜每种颜色的口香糖各有多少颗。如果把一罐口香糖都倒在桌子上数一下,就不用估算了。但如果只能从其中抓一把,然后根据手里的口香糖推测整罐的情况,那么这一把抓得越多,估计值就越接近整罐的情况,也就越容易猜测。相反,如果只能拿出一颗口香糖,几乎无法推测罐子里的情况。

当有数百万颗口香糖装在上千个大小不同的罐子里时,其分布各不相同,每一把口香糖的多少也不一样,估算就会变得复杂。如果将口香糖换成人,罐子换成城市、镇和县,一把口香糖换成随机分布调查,误差的含义就更有意义了。口香糖样本大小和误差的对应关系如图1.4所示。

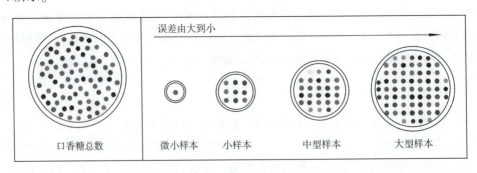

图1.4 口香糖样本大小和误差的对应关系

1.2 数据可视化

人眼是一种高带宽、大规模视觉信号输入的并行处理器,大量的研究表明其对视觉符号的感知速度比数字或文字快几个数量级,视觉信息处理发生在潜意识阶段。视觉也是人脑获取信息最重要的渠道,超过50%的人脑功能是用于视觉感知的,大脑对视觉信息的处理优于对文本的处理。在计算机学科的分类中,利用人眼的感知能力对数据进行交互的可视化表达以增强认知的技术称为可视化。它将数据以视觉形式来呈现,以增强数据的识别效率,传递有效信息,帮助人们了解这些数据的意义,更容易地解释趋势和统计数据。

数据可视化是通过图形化手段,以清晰有效的方式传达和沟通信息。其中,数据的视觉表现形式定义为一种以某种概要形式抽取出来的信息,包括各种属性和变量。数据可视化是一个不断演变的概念,其范围在不断扩大,主要指的是利用图形、图像处理和用户界面,通过表达、建模以及对立体、表面、属性和动画的显示,对数据进行可视化解释,并根据用户目标的不同以各种形式呈现。与三维真实感仿真可视化等立体建模相比,数据可视化涵盖了更广泛的技术方法。三维真实感仿真可视化可以看作数据可视化的一个分支。它使用逼真的三维模型和渲染技术来呈现虚拟场景,通常用于模拟和仿真现实世界的情境。总之,数据可视化是通过图形化手段将数据转化为可理解和易传达的形式,以帮助人们更好地理解和利用数据。不同的技术方法和呈现形式可以根据不同的需求和目标选择来应用。

目前在信息科学领域,数据爆炸为数据的理解带来巨大的挑战。随着技术的发展,人们可以轻松地获取大量的数据,但人类分析和理解这些数据的能力远远落后于数据的获取速度。数据爆炸所带来的挑战不仅体现在数据量庞大,更重要的是数据获取的动态性、数据中存在的噪声、数据之间关联关系的复杂性,以及数据的异构和异质性等方面。中国计算机学会每年都发布十大大数据发展趋势报告,可视化和可视分析连续几年入选。未来,大数据将在稳增长、促改革、调结构、惠民生中发挥越来越重要的作用,而为了充分利用大数据带来的机遇,同时有效应对大数据带来的挑战,数据可视化作为充分调动利用好大数据的手段与方法,无疑已经成为数字科学领域的关键技术。

现代的数据可视化技术综合运用计算机图形学、图像处理、人机交互等技术,将采集或模拟的数据变换为可识别的图形符号、图像、视频或动画,并以此呈现对用户有价值的信息。用户通过视觉感知,使用可视化交互工具进行数据分析,获取知识。

然而,不同的人对于数据可视化的适用范围存在不同的观点。例如,有人认为,数据可视化是可视化的一个子类目,主要处理统计图形、抽象的地理信息或概念型的空间数据。而现代的主流观点将数据可视化看作传统的数据科学可视化和信息可视化的泛称,即处理对象可以是任意数据类型、任意数据特性,以及异构、异质数据的组合。

如今,可视化作为一门涉及计算机图形学、图像处理、计算机视觉、人机交互等多个领域的综合学科,不但广泛应用于医学、生物、地理等领域的科学计算,而且在交通、网络、金融、通信等行业中信息处理方面的研究应用亦如火如荼。

1.2.1 日常生活中的可视化

在日常工作和生活中也会看到优秀的数据可视化作品,现代人的生活已离不开互联网,而互联网上的所有内容几乎都存储在数据库中,数据一般都通过直观的方式呈现给用户。近十年,网约车行业逐步兴起,通过网约车应用,用户不仅可以提前在手机上规划行程,还能实时获取附近可用车辆的信息、驾驶员的实时位置、行车路线和预估到达时间等。这种便利的交互方式让用户能够提前了解整个行程的细节,包括路线选择、交通状况以及预计费用,从而提高了乘车的便利性和舒适度。这种个性化、信息化的可视化服务模式为乘客提供了全新的出行体验,并成为现代都市生活中不可或缺的一部分。

"新闻地图"由热门程度来决定新闻标题的字体大小,其统计数据来源于大量的相关文章。地图中的每个矩形代表一个可点击的新闻,颜色根据主题的不同而不同,如国际新闻、国内新闻或商业新闻。这样一来,读者一眼就能看到世界正在发生什么,同时还可以选择感兴趣的国家和时间段。

可视化还可以帮助人们了解自然环境状况,有助于公众为安全出行做好准备。例如,全国沙尘天气预报图,能够可视化全国各地区的沙尘天气状况,为公众提供天气实况的可视化服务。

Keep 是一个可以基于地理位置定位的运动健身软件,其运动界面如图 1.5 所示。用户可以在完成相应路程的运动后,查看运动轨迹、用时、能量消耗情况,以及步频、幅频等。不仅如此,该软件还可以通过计划打卡的形式为每个用户做定制化的健身方案,直观且针对性强。目前,此类软件越来越重视用户个性化的数据采集,经过分析后,以直观的方式为用户提供相关的信息。

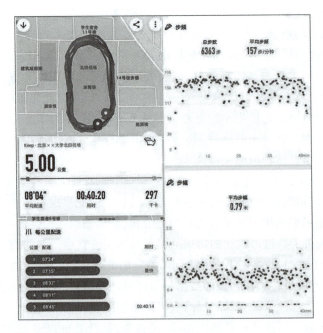

图 1.5 Keep 运动界面

由以上实例可以看出,数据可视化已融入人们日常生活的方方面面。作为一个整体,数据可视化的广度每天都在变化。对于数据可视化来说,要借鉴前人的作品并牢记准则,但不要让这些准则阻碍人们以最好的方式实现目标。

1.2.2　数据可视化分类

数据可视化的对象是数据,包括两个类别:处理抽象、非结构化数据的信息可视化,以及处理科学数据的科学可视化。从广义上讲,信息可视化的对象是非结构化、非几何的抽象数据,如社交网络、文本数据和金融交易。而科学与工程领域的科学可视化主要研究具有空间坐标和几何信息的三维空间测量数据、计算仿真数据和医学图像数据等,并着重探讨如何有效地呈现几何、拓扑及数据中的形状特征。如何减少大规模高维数据中视觉混淆对有用信息的干扰是当前面临的核心问题。

1. 信息可视化

信息可视化的对象是抽象的、非结构化的数据集合(如文本、图表、层次结构、地图、软件、复杂系统等)。传统的信息可视化源于统计图形,与信息图形、可视化设计等现代技术密切相关。它的表示通常是在二维空间中进行的,因此,关键问题是在有限的表示空间中以直观的方式传达大量的抽象信息。与科学可视化相比,信息可视化更侧重于抽象、高维数据。这种类型的数据通常不具有空间位置属性,因此,空间数据元素的布局应根据具体数据分析的需要来确定。信息可视化方法与所针对的数据类型密切相关,其根据数据类型,大致可以分为以下几类:

(1)时空数据可视化:时空数据是指带有地理位置与时间标签的数据。时空数据可视化与地理制图学相结合,重点对时间与空间维度以及与之相关的信息对象属性建立可视化表征,对与时间和空间密切相关的模式及规律进行展示。大数据环境下时空数据的高维性、实时性等特点,也是时空数据可视化的重点。

(2)网络(图)与层次结构数据可视化:网络关联关系是数据中最常见的关系,如互联网与社交网络。层次结构数据也属于网络信息的一种特殊情况。基于网络节点和连接的拓扑关系,直观地展示网络中潜在的模式关系(如节点或边聚集性),是网络可视化的主要内容之一。对于具有海量节点和边的大规模网络,如何在有限的屏幕空间进行可视化,将是大数据时代面临的难点和重点。除了对静态的网络拓扑关系进行可视化,大数据相关的网络往往具有动态演化性。

(3)文本和跨媒体数据可视化:随着社交媒体的迅速发展,每天都会产生海量的文本、图像、视频数据,其中,文本是大数据时代非结构化数据类型的典型代表,是互联网中最主要的信息类型,也是物联网各种传感器采集后生成的主要信息类型,人们日常工作和生活中接触最多的电子文档也是以文本形式存在。文本和跨媒体数据的可视化意义在于,能够将文本和跨媒体数据中蕴含的语义特征(如词频与重要度、主题聚类、动态演化规律等)直观地展示出来。

(4)多维数据可视化:多维数据指的是具有多个维度属性的数据变量,其广泛存在于基于传统关系数据库以及数据仓库的应用中,如各种信息系统。多维数据分析的目标是探索多维数据项的分布规律和模式,并揭示不同维度属性之间的隐含关系。

在信息爆炸的当下,信息可视化面临着巨大的挑战:在海量、不断变化的信息中,它需要帮助人们更好地理解和挖掘信息,找到预期的特征,并且发现意想不到的知识。

2. 科学可视化

科学可视化是可视化领域最早、最成熟的跨学科研究与应用领域,如建筑学、气象学、医学或生物学方面的各种系统。重点在于对体、面、光源等进行逼真渲染,甚至还包括某种动态成分。这些学科通常需要对数据和模型进行解释、操作与处理,旨在寻找其中的模式、特点、关系和异常情况。

科学可视化的基础理论与方法已经相对成形,其早期的关注重点主要在三维真实世界的物理化学现象,因此,其数据通常表达在二维或三维空间,进一步有可能包含时间维度。鉴于数据的类别可分为标量(如密度、温度)、向量(如风向、力场)、张量(如压力、弥散)这三类,科学可视化也可依次粗略地分为以下三类:

(1)标量场可视化:标量场是指一个仅用其大小就可以完整表征的场。一个标量场可以用一个标量函数来表示。标量场分为实标量场和复标量场;其中实标量场是最简单的场,它只有一个实标量;而复标量场是一个复数的场,它有两个独立的场量,相当于场量有两个分量。在标量场中,需要注意的是等值面、方向导数、梯度这几个量。标量场可视化是指通过图形的方式揭示标量场对象空间分布的内在关系。很多科学测量或者模拟数据都是以标量场的形式出现,对标量场的可视化是科学可视化研究的核心课题之一。

标量场可以看作显式的数据分布的隐函数表示,即 $f(x,y,z)$ 代表在点 (x,y,z) 处的标量值。可视化数据场 $f(x,y,z)$ 的标准方法有三种:第一种方法可以通过将数值映射为颜色或透明度来表达数据特征,例如使用颜色展现地球表面的温度分布;第二种方法是根据等值条件抽取点集并连接成线或面,即等值线或等值面方法,在这种方法中,移动四边形法或移动立方体法是常用的算法;第三种方法是使用直接体绘制,将三维标量数据场视为能产生、传输和吸收光的媒介,形成半透明影像以显示数据内部结构,这种方法通过透明层叠提供便捷高效的交互式浏览工具,使观察者能够全面了解三维数据场的特征。

(2)向量场可视化:在向量分析中,向量场是把空间中的每一点指派到一个向量的映射。向量代表某个方向或趋势,如来源于测量设备的风向和旋涡等、来源于数据仿真的速度和力量等。向量场可视化的主要关注点是其中蕴含的流体模式和关键特征区域。在实际应用中,由于二维或三维流场是最常见的向量场,所以流场可视化是向量场可视化中最重要的组成部分。

除了通过拓扑或几何方法计算向量场的特征点、特征线或特征区域外,还有三种直接可视化向量场的方法:第一种方法叫作粒子对流,其核心思想是以某种方法模拟粒子在向量场中的流动,得到的几何轨迹能够反映向量场的流体模式,这些方法包括流线、流面、流体、迹线和脉线;第二种方法是将向量场转换为一帧或多帧纹理图像,为观察者提供直观的图像显示。标准方法包括噪声纹理法、线积分卷积法等;第三种方法是使用简单易懂的图标对单个或简化的向量信息进行编码,可以提供详细的信息查询和计算,常用图标包括线条、箭头和方向标识符等。

(3)张量场可视化:假如一个空间中的每一点的属性都可以以一个张量来代表,那么这个场就是一个张量场。张量场可视化方法可以分为基于纹理、几何和拓扑三类。基于纹理的方法将张量场转换为静态图像或动态图像序列来展示全局属性。这种方法通过将张量场简化为向量场,并应用噪声纹理法、线积分卷积法等技术来显示。基于几何的方法通过显式生成特定类型的几何表达来描述张量场的属性。例如,图标法采用某种几何形式表达单个张量,如椭球形和超二次曲面;超流线法将张量转换为向量(如二阶对称张量的主特征方向),再沿主特征方向进行积分操作,从而形成流线、流面或流体。基于拓扑的方法通过计算张量场的拓扑特征(如关键点、分叉点和退化线等),将感兴趣的区域划分为具有相同属性的子区域,并构建相应的图结构来实现拓扑简化、拓扑跟踪和拓扑可视化。基于拓扑的方法适用于生成多变量场的定性结构,能够快速构建全局流场结构,特别适用于通过数值模拟或实验模拟所生成的大尺度数据。

目前,张量可视化工作主要是对二阶实对称张量进行的,张量场的显示技术分为两类:一类为针对某具体位置的图符显示,即点图标,如采用椭球张量图标;另一类是沿特征线显示张量数据,即线图标方法,如超流线法,它是更一般化的流线,沿着轨迹表示出经过点的张量信息,可揭示张量场的整体结构。

以上分类并不能概括科学可视化的全部内容。随着数据的复杂性逐步提高,一些带有语义的信号、文本、影像等也成为科学可视化的处理对象。

1.2.3 可视分析学

由于数据分析的重要性,可视化和分析相结合,形成了一个新的学科——可视分析学。科学可视化、信息可视化和可视分析学三个学科通常被看作数据可视化的三个主要分支。可视分析是大数据分析的重要方法。大数据可视分析旨在利用计算机自动化分析能力的同时,充分挖掘人对于可视化信息的认知能力优势,将人、机的各自强项进行有机融合,借助人机交互式分析方法和交互技术,辅助人们更为直观和高效地洞悉大数据背后的信息、知识。图1.6所示为可视分析学中各学科的交叉组成,以可视交互界面为通道,将人的感知和认知能力以可视的方式融入数据处理过程,形成人脑智能和机器智能优势互补、相互提升,建立螺旋式信息交流与知识提炼途径,最终完成有效的分析推理和决策。

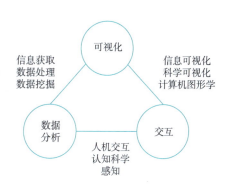

图1.6 可视分析学中各学科的交叉组成

科学发展和工程实践的历史表明,智能挖掘所产生的知识与人类所掌握的知识之间的差异正是新知识能被发现的根本原因,而这种差异的表达方式,以及对这些差异的分析和测试必须充分利用人脑的智能。此外,现有的数据分析方法大多基于先验模型,容易发现已知的模式和规则,对复杂、异构、大规模数据的自动处理往往失败,如数据中隐含的模式未知、数据量大、参数设置困难等。而人类的视觉识别能力恰恰可以解决这些问题,自动数据分析的结果经常会有噪声,也需要人工干预才能排除。为了有效地将人脑智能与机器智能结合起来,一个必要的途径就是以视觉感知为通道,通过可视交互界面,形成人脑与机器智能的双向转换,人类知识和个性化经验可视地融入整个数据分析和推理决策过程中,逐渐将数据的复杂度降到人脑和机器智能所能处理的范围内。这一过程逐渐形成了一种新的视觉分析思想。

可视分析学是一种将可视化、人的因素和数据分析集成在一起的新思路。其中,数据管理和知识表达则构成了可视分析学中从数据到知识转换的基础理论。科学分析、统计分析和知识发现等方法则是可视分析学的核心分析手段。在整个可视分析过程中,人机交互是不可或缺的,它用于辅助模型建立、分析推理和信息呈现等各个环节。最终,通过可视分析流程得出的结论和知识需要向用户传达和分享。

科学可视化、信息可视化和可视分析学之间的边界并不明确。科学可视化主要关注带有空间坐标和几何信息的数据、三维空间信息测量数据、流体计算模拟数据等。由于这些数据往往规模庞大,超过了图形硬件的处理能力,因此如何快速有效地呈现数据中的几何、拓扑、形状特征和演化规律成为核心问题。随着图形硬件和可视化算法的快速发展,单纯的数据显示问题已经得到较好的解决。信息可视化的核心问题主要集中在高维数据的可视化、不同数据之间抽象关系的可视化、用户的敏捷交互,以及可视化效果的评估等方面。可视分析学偏重于从各类数据中综合、意会和推理出知识,其实质是可视地完成人脑和机器智能的双向转换,整个探索过程是迭代的、螺旋式上升的。

1.2.4 数据可视化与其他学科之间的关系

数据可视化与信息图形、科学可视化、统计图形等密切相关,并且是数据科学中的一个重要环节。数据科学在研究、教学和工业中蓬勃发展,数据可视化是其中一个活跃而关键的方向。图1.7所示为数据可视化的关联学科。

1. 图形学与人机交互

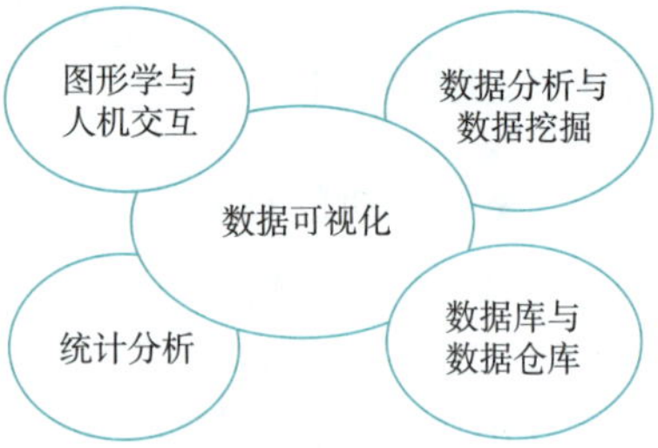

图1.7 数据可视化的关联学科

数据可视化是运用计算机图形学和图像处理技术,将数据转换为图形或图像在屏幕上显示出来,并进行交互处理的理论、方法和技术。它是可视化技术在非空间数据领域的应用,使人们不再局限于通过关系数据来观察和分析数据信息,还能以更直观的方式看到数据及其结构关系。起初,数据可视化通常被认为是计算机图形学的一个分支学科。一般来说,计算机图形学关注的是数据的空间建模、外观表达和动态表示,为数据可视化提供数据的视觉编码和图形表示的基本理论与方法。数据可视化与不同领域的具体应用和数据密切相关。由于可视分析学的独特性质和其与数据分析的紧密结合,数据可视化的研究内容和方法逐渐独立于计算机图形学,形成了一门新的学科。

计算机动画是计算机图形学的一个分支,是电子游戏、动画和电影特效中的关键技术。它基于计算机图形学,在图形生成的基本范畴下扩展时间轴,并通过在连贯的时间轴上呈现相关图像来表现某些类型的动态变化。在数据可视化中,计算机动画经常用来显示数据的动态变化,或发现时空数据的内在规律。

计算机仿真是利用计算设备模拟特定系统的行为和性质的过程。这些系统可以是自然科学领域中的物理系统、计算物理学系统、化学系统和生物系统,也可以是社会科学领域中的经济系统、心理系统等。计算机仿真是将数学建模理论应用于计算机实践的一种方法,可以模拟现实世界中难以实现的科学实验、工程设计与规划、社会经济预测等情况或行为表现,能够进行反复试错,从而节约成本并提高效率。在计算机仿真过程中,获得的数据可以视为数据可视化的对象之一。通过将仿真数据以可视化形式呈现,可以更直观地理解和分析数据,从而揭示模拟系统的行为和性质。因此,将仿真数据进行可视化处理是计算机仿真的核心。

人机交互是指人与机器之间使用某种语言,以某种交互方式完成某种任务的信息交换过程。人机交互是信息时代获取和利用数据的必要手段,是人与机器之间的信息通道。人机交互广泛涉及计算机科学、人工智能、心理学、社会学、图形学和工业设计。数据可视化则是从机器到人的信息传递过程,它的呈现更符合人的认知、感知、生理等特性,可以让人快速、轻松地获得信息内容。因此,两者之间是存在关系的,从人机交互角度甚至可以将可视化看作人机交互的一部分。由此可见,在数据可视化中,用户对数据的理解和操作是通过人机界面来实现的。数据可视化的质量和效率需要最终用户的判断,因此,数据、人和机器之间的交互是数据可视化的核心。

2. 数据库与数据仓库

数据库是根据数据结构组织、存储和管理数据的仓库,可以高效地实现数据的录入、查询、统计等功能。尽管现代数据库已经由一开始最简单的存储数据的表格演变为可以存储海量、异构数据的大型系统,但其主要功能并不包括对复杂数据关系和规则的分析。

面对海量信息挖掘分析的需要,数据库的一种新的应用是数据仓库。数据仓库由 Bill Inmon 于 1990 年提出,是数据库的一种概念上的升级,可以说,它是为满足新需求而设计的一种新数据库。从逻辑上讲,数据仓库和数据库没有本质区别。数据仓库是面向主题的、集成的、相对稳定的、随时间不断变化的数据集,用以支持决策制定过程。数据在进入数据仓库之前,必须经过数据加工和集成。数据仓库的一个重要特性是稳定性,即数据仓库反映的是历史数据。

数据库技术与数据仓库技术是大数据时代数据可视化方法中必然会涉及的两种技术,为了满足复杂大数据的可视化需求,必须考虑新型的数据组织管理和数据仓库技术。

3. 数据分析与数据挖掘

数据分析是统计分析的扩展,是指用数据统计、数值计算、信息处理等方法分析数据,或采用已知的模型分析数据,计算与数据匹配的模型参数。数据分析是数据可视化展示的来源,并通过链接视觉模型和图表形式展现数据分析结果。数据可视化与可视化分析之间的关系是共生的,良好的数据可视化使可视化分析更加有效,并向用户显示更好的见解。而更好的见解则使可视化更具吸引力,从而让用户更好地了解他们的数据,共同帮助企业和个人确定如何提高效率、增加收入,并获得超越竞争对手的竞争优势。

数据挖掘指从一堆数据中挖掘有价值的信息,数据可视化是把数据通过图形化的方式展现出来,让用户更加直观地感受到数据的分布和一些其他信息。所以,数据可视化可以作为数据挖掘分析结果的展现方式。其目标是从大量的、不完全的、有噪声的、模糊的、随机的数据中提取隐含的、未知的、潜在有用的信息和知识。在数据挖掘领域,可视化的重要性已经引起人们的重视,人们提出了基于可视化的数据挖掘方法,其核心是用可视化的方法呈现原始数据和数据挖掘的结果。此类方法结合了数据可视化的思想,但仍采用机器学习算法、模型进行数据挖掘,其不同于基于视觉思维的数据可视化的指导思想。值得注意的是,数据挖掘和数据可视化是处理与分析数据的两种思想。数据可视化更适用于进行探索性数据分析,例如用户不知道数据中包含什么信息和知识、没有数据模型的预探索假设。

数据可视化和数据分析与数据挖掘的目标都是从数据中获取信息和知识,但方法不同。两者已成为科学探索、工程实践和社会生活中不可或缺的数据处理手段。数据可视化通过图形符号等易于感知的方式将数据展示出来,使用户可以直观地理解数据的本质。而数据分析和数据挖掘则是利用计算机自动或半自动的方法,从数据中提取隐藏的信息和知识,并将其呈现给用户。

4. 统计分析

统计图形学应用于任意统计数据相关的领域,它的大部分方法(如箱形图、散点图、热力图等)已经是信息可视化的基本方法。这些信息图是数据、信息或知识的可视化表现形式。信息图和可视化之间有许多相似之处,它们共同的目标是以探索和发现为导向的可视化表达。在实际应用中,基于数据生成的信息图和可视化非常接近,有时可以相互替换,但两者的概念是不同的:可视化是指由程序生成的图形图像,这个程序可以应用于不同的数据;信息图是指为特定数据定制的图形图像,它是一个具体的、不言而喻的,而且往往是由设计者定制设计的,只能应用于特定的数据。与具体的、自解释性的信息图不同的是,可视化则是普适的,例如,平行坐标图并不因为数据的不同而改变自己的可视化设计。有时候可视化程序甚至可以应用在它并不适合的数据上,但是程序本身不能告诉用户。可视化的强大的普适性能够使用户快速应用某种可视化方法在一些新的数据上,并且通过可视化结果图像理解新数据。

可见,可视化强大的通用性使得用户能够快速地将一定的可视化方法应用到不同的数据中,但选择合适的数据可视化方法取决于用户的个人体验。考虑到非空间的抽象数据,数据可视化的可视化表达与传统的视觉设计类似,但数据可视化的应用对象和处理范围远远超过了统计图形学、视觉艺术与信息设计等学科方向。

1.2.5 数据可视化与其他领域之间的关系

数据可视化是对各类数据的可视化理论与方法的统称。在可视化发展史上,与各领域应用进行深度结合,从而产生面向各领域的可视化方法与技术。

1. 生命科学可视化

生命科学可视化专注于将生物科学、生物信息学、基础医学、转化医学和临床医学等领域产生的复杂数据以可视化的方式呈现出来,本质上属于科学可视化。考虑到生命科学的重要性及生命科学数据的复杂性,生命科学可视化的研究变得愈发关键。

2. 地理信息可视化

地理信息可视化是数据可视化和地理信息系统学科的交叉领域。它主要关注地理信息数据的可视化呈现,这些数据涵盖了基于真实物理世界的自然和社会事物以及它们的变化规律。地理信息可视化最初起源于二维地图制作,但如今已扩展到三维空间,并能够动态地展示数据,甚至包括从地理环境中收集的各种生物和社会感知数据,如空气污染情况、出租车位置、植被覆盖情况等。

3. 产品可视化

产品可视化是指在制造和大型产品组装过程中,使用数据模型、技术绘图和相关信息的可视化方法。它在产品生命周期管理中扮演着重要的角色。通过产品可视化,可以高度逼真地对产品进行设计、评估和验证,从而支持产品销售和市场营销。最初,产品可视化是通过手工制作的二维技术绘图或工程绘图来实现的。随着计算机图形学的发展,计算机辅助设计逐渐取代了手工制作,成为产品可视化的主要工具。

4. 教育可视化

教育可视化是一种利用计算机模拟仿真技术生成易于理解的图像、视频或动画的方法,旨在进行公众教育和传达一些信息、知识和理念。教育可视化在阐述难以解释或表达的事物(如原子结构、微观或宏观事物、历史事件)时非常有用。通过使用生动而直观的可视化形式,教育可视化能够帮助人们更好地理解复杂的概念和现象,提高教育效果和知识传播的效率。基于虚拟现实的虚拟仿真实验室在各大高校、科研机构、培训机构中都有着广泛的应用前景。

5. 商业智能可视化

商业智能可视化是商业智能理论和数据可视化相结合的概念和方法。其目标是将商业和企业运营中收集的数据转化为知识,以帮助决策者做出明智的业务经营决策。这些数据包括订单、库存、交易账目、客户和供应商等来自业务系统的信息,以及外部环境中的其他各种数据。在技术层面上,商业智能涉及数据仓库、联机分析处理工具和数据挖掘等技术的综合运用,旨在赋予各级决策者知识和洞察力。商业智能可视化专注于研究商业数据的智能可视化,以增强用户对数据的理解能力。

1.3 数据可视化的意义

当抽象的数据需要被理解和分析时,数据可视化可以图形、图像、视频或动画等形式将其转化为人们能够直观感知和理解的形式。通过计算机图形学、图像处理和人机交互等技术,数据可视化能够有效地传达数据,并辅助用户进行数据分析。用户通过与可视化工具进行交互,能够通过观察和探索数据的视觉表现获取有价值的信息和知识。这种交互过程帮助用户提高对数据的理解和洞察力,从而做出更明智的决策。数据可视化在商业、科学研究、社会分析等领域发挥着重要作用,它不仅是一种有效的数据传达方式,还能帮助人们更好地利用数据,提升智慧水平。

在数据激增的时代,如何从海量异构的数据集中直观地挖掘有价值的信息?利用数据可视化技术无疑是最佳的选择。研究结果表明,随着人类应用需求的不断提高,数据可视化经历了一个漫长的发展过程。目前,数据可视化的发展具有以下特点:多维数据融合显示,大量可视化工具出现;基于平台的三维可视化技术进一步应用和发展。尤其是对于一些行业的监控中心或者调度中心等重要的指挥枢纽来说,大屏幕显示系统已显示出高超的可视能力,逐渐成为现代工业中不可缺少的核心设备。

实际上,利用图形表现数据比利用传统的统计分析法更加精确,并且具有启发性。可以借助可视化的图表寻找数据规律、进行分析推理、预测未来趋势。

数据可视化的目的是准确、高效、简捷地传递信息和知识。数据可视化可以将不可见的数据现象转化为可见的图形符号,可以使复杂的、看似无法解释的相关数据建立联系,从其中发现规则和特征,获取更有价值的信息,并用适当的图表直接、清晰、直观地表达,达到让数据进行自我解释的目的,即"让数据说话"。人的右脑记忆图像的速度比左脑记忆抽象文本的速度快一百万倍,因此,数据可视化可以加深和加强受众对数据的理解与记忆。数据可视化的作用在于视物致知,即从看见物体到获取知识。如果将数据可视化看作艺术创作的过程,则需要达到真实性、倾向性、艺术完美性的均衡,达到有效挖掘、传播与沟通数据中蕴含的信息、知识与思想的效果,实现设计与功能之间的平衡。

(1)可视化的真实性:即可视化是否能够正确反映数据的本质,以及对所反映的事物和规律有无正确的感受和认识。真实性是数据可视化的基石。例如,在医学研究领域,可以通过对不同形态的医学影像、化学检验、电生理信号、过往病史等进行精确的数据可视化,帮助医生了解病情发展、病灶区域,甚至拟定治疗方案。图1.8所示为北京大学人工智能研究院视觉感知中心采用高真实感体绘制技术直接使用常规CT拍摄的影像数据,对CT图像集的高真实感可视化,不需要增加额外设备和处理,就能够更快、更好地展示肺部病灶,提高筛查和诊断效率。

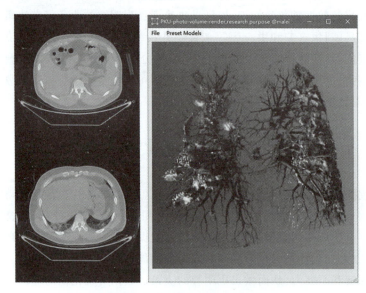

图1.8 CT图像集的高真实感可视化

(2)可视化的倾向性:即可视化所表达的意象对于社会和生活的意义和影响。可视化权威学者认为,可视化的最终目的在于帮助公众理解人类社会发展和自然环境的现状,并且实现政府与职能部门运行的透明化。例如,我国中央气象台的全国气温实况图能够实时可视化全国各地区的温度状况,用户可以根据气温的变化情况,有针对性地调整日常生活。

(3)可视化的艺术完美性:即其形式与内容是否和谐统一,是否具有艺术个性,是否具有创新和发展。例如,2020年全球塑料瓶的销量超过4 800亿只,如何衡量这个数字到底有多大,可以通过可视化呈现出来。如图1.9所示,可以看到一小时、一天、一个月、一年、十年产生的塑料瓶能堆多高,可视化方式很简单但效果很震撼,世界最高的建筑也比不过堆积成山的塑料瓶,从而体会到人类日常生活消耗的塑料瓶数量之巨大,同时其呈现的视觉效果具有一定的艺术性。

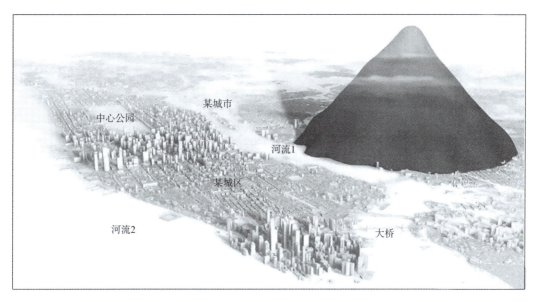

图1.9 淹没在塑料的海洋里

1.4 数据可视化发展现状及趋势

  当今时代,可视化的数据信息随处可见,甚至占据了各大媒体论坛的大部分页面。数据可视化并不是现代社会科学发展的产物,其相关概念和技术已有数百年的历史,它的发展见证了地球物理勘探、统计分析、工程制造、科学计算等学科的不断进步。早期,为了揭示自然界中各种现象之间的联系,一些地理现象的观察者定义了相应的图形表达式,并提出了等高线、等温线和等压线等一系列等值线图,以及可以表达其他自然信息的图形符号。

  随着对数据的系统性收集以及科学分析处理方法的进步,18世纪数据可视化的形式已经接近当代科学使用的形式,条形图和时序图等可视化形式的出现体现了人类数据运用能力的进步。随着数据在经济、地理、数学等领域不同场景的应用,数据可视化的形式变得更加丰富,也预示着现代化信息图形时代的到来。

  19世纪是现代图形学的开始,随着科技迅速发展,工业革命从英国扩散到欧洲大陆和北美。随着社会对数据的积累和应用的需求不断扩大,现代的数据可视化、统计图形和主题图的主要表达方式,在这几十年间基本都出现了。这一时期,数据的收集整理从科学技术和经济领域扩展到社会管理领域,对社会公共领域数据的收集标志着人们开始以科学手段进行社会研究。与此同时,科学研究对数据的需求也变得更加精确,研究数据的范围也有明显扩大,人们开始有意识地使用可视化的方式尝试研究、解决更广泛领域的问题。当代的一些常用形式的统计图形(散点图、直方图、极坐标图形和时间序列图等)都已出现,主题地图和地图集也成为这个年代展示数据信息的一种常用方式,应用领域涵盖社会、经济、医疗、自然等各个主题。

  作为最古老的图表形态,地图一直具有"具象"和"真实"的特点。到19世纪,有的制图师开始创造性地将具象地图与抽象的坐标系体系结合。其中一个著名的例子就是在1864年,设计师 A & C Black 对世界上最长的河流、最高的山峰进行了比较,如图 1.10 所示。这些山峰看上去很像实景,但实际上也是设计师对世界各地山峰的艺术化"重组"。

图 1.10　河流山峰对比图

19 世纪 50 年代,类似的图还不少,例如图 1.11 所示为 James Reynolds & John Emslie 将世界上部分湖泊和河流放在了同一个坐标系里进行比较,孰大孰小、孰长熟短,一目了然。

进入 20 世纪,数据可视化的黄金时期终结,主要原因是随着数理统计的诞生,追求数理统计的数学基础成为数据科学行业的首要目标,而图形和可视化作为其辅助,没有得到太多重视,多维数据可视化是这个时期可视化的重要特点。1904 年,英国天文学家爱德华·沃尔特·蒙德发现,以太阳表面纬度为纵坐标,年份为横坐标,绘出的太阳黑子分布图就像翩翩起舞的"蝴蝶",如图 1.12 所示。这幅关于太阳黑子随时间扰动的蝴蝶图验证了太阳黑子的周期性。

20 世纪 80 年代末,微软 Windows 系统的问世使得人们能够直接与信息进行交互。以计算机为基础的图形可视化系统体系逐渐被建立并完善。随着几何学、统计学的快速发展,以图表表达数据的方式逐步流行起来,改变了社会发展和科学进步的走势,极大地提升了人类的认知能力。进入 21 世纪以后,历史上从来没有像今天这样大规模地产生数据,尤其是 2010 年以来,数据应用的广度与深度得以高速发展,原始的数据可视化技术已经难以应对所谓的大数据时代。由于现有的可视化技术已难以应对海量、高维、多源和动态数据的分析挑战,需要综合可视化、图形学数据挖掘理论与方法,研究新的理论模型、新的可视化方法和新的用户交互手段,辅助用户从大尺度、复杂、矛盾甚至不完整的数据中快速挖掘有用的信息,以便做出有效决策。于是,人们开始深入了解相应领域的背景知识,融合计算机科学、统计分析等多方面的技术,设计满足大数据需求的用户交互手段,进而开发辅助人们完成数据挖掘分析任务的数据可视化工具。

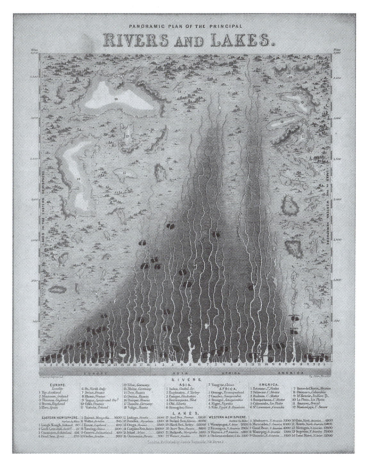

图 1.11 部分河流和湖泊全景图

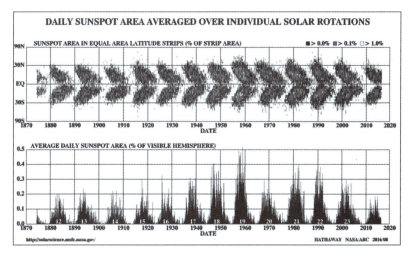

彩色图片

图 1.12 太阳黑子蝴蝶图

近年来,数据可视化主要借助日益成熟和完备的图形学理论以及数据挖掘等手段,通过更加有效的数据清洗手段,提取更加可靠的特征属性,并在此基础上,结合相关领域背景的建模方法,最终使数据具备可视化解释,从而能够清晰、有效地传达不为人知的内涵信息。人们对数据的分析应用能力会直接或间接地关联社会各行业的商业价值,产生巨大的经济效益,对人们的生活和社会的进步具有重大意义。一个国家拥有的数据规模和运用数据的能力已经成为其综合国力的重要组成部分,对数据的占有和控制将成为国家之间和企业之间新的争夺焦点。

数据可视化的发展正在进行当中,未来是数据可视化的发展时代,随着科学技术越来越成熟,数据可视化也会越来越广泛地融入人们的生活当中,人们对于数据的要求也会越来越高,这是科学发展的必经阶段。在未来数据可视化的发展历程中,数据的处理能力是核心,交互式可视化是新趋势。当然,并不是所有数据都适合可视化,对多维而又凌乱的数据集进行前期梳理和有效整合也是数据可视化技术发展的一个方向。

小　　结

本章对数据可视化进行了概念性的总体介绍,包括数据的概念、数据的特性、数据可视化的分类、数据可视化与其他学科领域之间的关系等一系列内容,从而进一步引申出了数据可视化的意义、发展现状以及未来趋势。通过学习本章内容,读者能够对数据可视化的定义及内容有一定的认知,并初步奠定数据可视化学习基础。

习　　题

一、选择题

1. 数据的两大特性为(　　)。
    A. 可变性与不确定性
    B. 可变性与多重性
    C. 不确定性与多重性

2. 数据可视化包含(　　)两个分支。
    A. 信息可视化和科学可视化
    B. 科学可视化和信息可视化
    C. 科学可视化和可视分析学

3. 鉴于数据的类别可分为标量、向量、张量三类,科学可视化也可粗略地分为(　　)。
    A. 标量场可视化、向量场可视化
    B. 标量场可视化、张量场可视化
    C. 标量场可视化、向量场可视化、张量场可视化

二、填空题

1. 数据可视化的目的即_____、_____、_____地传递信息和知识。

2. 数据可视化主要借助日益成熟和完备的_____以及数据挖掘等手段,通过更加有效的_____,提取更加可靠的_____。在此基础上,结合相关领域背景的建模方法,最终

使数据具备可视化解释,从而能够清晰、有效地传达不为人知的内涵信息。

3. 数据是_____的集合,是表达客观事物的、未经加工的原始素材,如_____、_____、字母等都是数据的不同形式。

4. _____、_____和_____三个学科方向通常被看作数据可视化的三个主要分支。

三、简答题

1. 什么是数据可视化?
2. 数据可视化与哪些学科领域之间的关系密切?它们之间分别是什么关系?
3. 数据可视化的意义是什么?
4. 简述数据可视化的分类。

第 2 章
数据处理可视化

学习要点

(1) 数据处理流程。
(2) 数据清洗方法。
(3) 常用的数据变换方法。
(4) 数据分析方法。

知识目标

(1) 掌握数据预处理流程。
(2) 掌握数据变换的几种方法。
(3) 掌握数据挖掘的概念和方法。

能力目标

熟练掌握数据预处理流程和相应的可视化方法。

本章导言

本章从数据处理流程入手,全面介绍数据清洗、数据集成、数据变换、数据归约、数据分析与数据挖掘几个步骤。数据处理即对数据进行采集、存储、检索、加工、变换和传输。数据处理的基本目的是从大量的、可能杂乱无章的、难以理解的数据中抽取并推导出对于某些特定的人群来说有价值、有意义的数据。数据处理是系统工程和自动控制的基本环节,贯穿于社会生产和生活的各个领域。数据处理技术的发展及其应用的广度和深度会极大地影响人类社会发展的进程,而可视化可以在数据处理的所有环节发挥着应有的作用。

2.1 数据处理流程

数据处理流程如图 2.1 所示,其分为以下几个步骤:

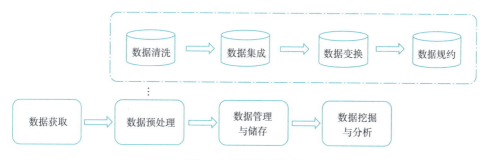

图 2.1 数据处理流程

（1）数据获取：数据处理的第一步就是数据获取，即搭建数据仓库，通过前端埋点、接口调用、数据库抓取、客户自己上传数据等方式获取数据，并把这些维度信息保存起来。

在数据获取过程中，数据源会影响数据质量的真实性、完整性、一致性、准确性和安全性。对于 Web 数据，多采用网络爬虫方式获取。而大部分网站对数据访问进行了一定的限制，因此需要对爬虫软件进行时间设置，以保障收集数据的时效性。

（2）数据预处理：数据获取过程中通常有一个或多个数据源，这些数据源包括同构或异构的数据库、文件系统、服务接口等，容易受到噪声数据、数据值缺失、数据冲突等影响，因此需要首先对获取的数据进行预处理，以保证数据挖掘分析结果的准确性与价值。

数据预处理主要包括数据清理、数据集成、数据变换与数据归约等步骤，可以大幅提高数据的总体质量。数据清理包括对数据的不一致检测、对噪声数据的识别，以及数据过滤与修正等方面；数据集成是将多个数据源的数据进行集成，从而形成集中、统一的数据库、数据立方体等；数据变换是对采用不同数据标准的数据进行转换，包括使用基于规则或元数据的转换、基于模型与学习的转换等技术，实现数据统一；数据归约是在不损害分析结果准确性的前提下降低数据集的规模，使之简化，包括维归约、数据抽样等技术。

总之，数据预处理有利于提高大数据的一致性、准确性、真实性、可用性、完整性、安全性和价值性，而数据预处理中的相关技术是影响数据质量的关键因素。

（3）数据管理与存储：这是现代信息技术领域中至关重要的一环，涉及对数据进行有效组织、存储、检索和保护的全过程。在数字化时代，各类组织和企业积累了庞大且多样的数据，包括但不限于文本、图像、音频和视频等多种形式。数据管理旨在通过合理的结构和存储方案提高数据的可访问性、可维护性和安全性。数据存储技术的发展也在不断演进，从传统的关系数据库到分布式数据库、云存储和大数据平台，不同的技术方案为不同规模和性质的数据提供了灵活而高效的存储手段。

（4）数据挖掘与分析：旨在从数据中挖掘潜在的模式、关联和趋势，以获得有价值的信息和知识。数据挖掘的过程包括数据的收集、清理、转换，以及应用各种统计、机器学习和数据分析方法来揭示隐藏在数据中的规律。这些方法涵盖了分类、聚类、关联规则挖掘、回归分析等多种技术手段，以全面了解数据集中的特征和关系。数据分析是数据挖掘的一个关键组成部分，强调对数据进行解释、理解和解决实际问题。通过数据分析，可以识别市场趋势、优化业务流程、改进产品设计，并为决策者提供全面、准确的信息支持。

2.2 数据获取

大数据时代的特点之一是数据开始变得廉价,即数据获取的方法很多,成本相对较低。一般来说,数据获取的方法包括实验测量、计算机仿真和网络数据传输等。传统的数据获取方法主要基于文件的输入和输出,而在移动互联网时代,基于网络的多源数据交换占据主导地位。数据获取技术主要有以下几种:

(1) 人工采集:人工手动收集数据。这种方式适用于一些无法自动化获取的数据,如实地调查、问卷调查等。

(2) 文件读取:读取各种文件格式中的数据,如文本文件、CSV 文件、Excel 文件等。

(3) 数据库查询:通过查询数据库来获取数据。使用 SQL 语言可以从关系型数据库中检索和提取数据,如 MySQL、Oracle 等。

(4) 爬虫技术:通过编写程序进行网页爬取,从网页中提取所需数据。常用的爬虫框架包括 Scrapy 和 BeautifulSoup。

(5) API 接口:许多网站和应用程序提供 API 接口,通过调用 API 接口可以获取特定的数据,例如天气数据、地理位置数据等。

(6) 日志收集:通过收集系统日志、服务器日志等方式获取数据。一些日志收集工具如 ELK(Elasticsearch、Logstash、Kibana) 和 Splunk 等可以帮助处理和分析大量的日志数据。

(7) 传感器技术:通过传感器获取实时数据,如温度传感器、湿度传感器、GPS 传感器等。

随着大数据、人工智能技术的发展,尤其是 ChatGPT 的出现,使得人们越来越重视数据的采集。就目前而言,大数据行业还有诸多亟待解决的难题,其中之一便是要突破数据孤岛的禁锢。大数据时代的美好设想都是建立在数据公开共享的基础上,如果数据源都不能获得开放性进展,那么后续的诸多关于大数据的应用根本没法获得实践验证。目前,数据的获取、共享、交易过程还不够规范,有大量的问题属于摸着石头过河。

对于数据获取过程来说,针对不同的数据获取技术,都使用其相应的获取工具,甚至是可视化的手段来对数据获取过程或质量进行可视化。例如,将数据源和采集过程进行可视化,将数据源、数据采集和处理的流程以图形或流程图的形式展示出来。这样可以清晰地展示数据从何处来,经过哪些步骤进行处理和转换,帮助用户了解数据的来源和处理过程。也可以将数据质量评估通过可视化手段,展示数据的质量评估指标,如数据完整性、准确性、一致性等。可以使用图表、指示器或颜色编码来表示数据质量的水平,帮助用户直观地了解数据的可靠性和可信度。对于数据异常和离群值可以通过绘制散点图、箱线图或热力图等方式,将数据中的异常值、离群点或异常模式可视化出来,帮助用户快速发现数据中的异常情况,有助于调查和纠正数据获取过程中的问题。也可以利用直方图、折线图、面积图等可视化方式,展示数据的分布和变化趋势。让用户更好地理解数据的整体特征和变化模式,帮助评估数据获取的效果和质量。进一步可以对数据获取进度和效率进行可视化,将数据获取进度和效率以进度条、计时器或仪表盘等形式进行展示,帮助用户了解数据获取的进展情况和效率,提高数据获取过程的可控性和效率。通过一些可视化手段,可以使数据获取过程和获取质量更加透明、可理解和可控,帮助用户更好地理解数据、评估数据质量,并做出相应的决策和改进。

2.3 数据预处理可视化

在数据挖掘中,海量的原始数据中存在大量不完整(有缺失值)、不一致、有异常值的数据,严重影响了挖掘建模的效果,可能导致数据挖掘结果的偏差,所以进行数据清洗显得尤为重要。数据清洗完成后接着进行或者同时进行数据集成、数据变换、数据归约等一系列处理,该过程就是数据预处理。一方面,数据预处理要提高数据的质量;另一方面,数据预处理要让数据更好地适应特定的挖掘方法或工具。统计结果发现,在数据挖掘过程中,数据预处理工作量通常占整个过程的60%。

数据预处理流程如图2.2所示。在数据清洗中,左侧的数据库图标表示数据存在缺失值或异常值的不完整数据;右侧的数据库图标表示经过数据清洗后,数据变得完整且一致,去除了缺失值和异常值。数据变换中的f代表某种函数或转换规则,用于将原始数据值(如15、20、50、75等)变换为新的值(如0.15、0.2、0.5、0.75等)。这个变换过程属于数据

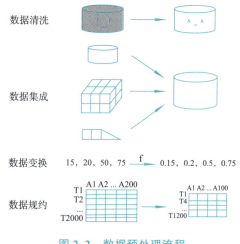

图2.2 数据预处理流程

变换步骤,目的是将数据转换为适合挖掘模型或算法处理的格式或范围。

2.3.1 数据清洗可视化

对于一份庞大的数据来说,数据极其复杂,难免会出现无效值、重复值、缺失值、异常值等情况,数据清洗主要就是清除这些不符合要求的数据,此外还有数据一致性检查等操作。

1. 处理缺失值

缺失数据在实际的数据集中是很常见的,其原因可能是信息暂时无法获取、信息被遗漏(有软硬件系统原因或人为原因)等。

处理缺失值的方法从大方向可分为三类:数据插补、删除数据和不处理。其中常用的数据插补方法见表2.1。

表2.1 常用的数据插补方法

数据插补方法	方 法 描 述
平均数/中位数/众数插补	根据属性值的类型,用该属性取值的平均数/中位数/众数进行插补
固定值插补	将缺失的属性值用一个常量替换。例如,一个工厂普通外来务工人员的"基本工资"属性的缺失值可以用普通外来务工人员工资标准进行插补
最近邻插补	在记录中找到与缺失样本最接近的样本的该属性值进行插补

续表

数据插补方法	方法描述
回归方法插补	对带有缺失值的变量,根据已有数据和与其有关的其他变量(因变量)的数据建立拟合模型来预测缺失的属性值
插值法插补	利用已知点建立合适的插值函数$f(x)$,未知值由对应点x_i求出的函数值$f(x_i)$近似代替

插值法主要有拉格朗日插值法和牛顿插值法。其他的插值法还有埃尔米特插值法、分段插值法、样条插值法等。拉格朗日插值法的公式结构紧凑,在理论分析中比较方便,但是当插值节点增减时,插值多项式就会随之变化,这在实际计算中是很不方便的。为了克服这一缺点,牛顿插值法应运而生。牛顿插值法也是多项式插值,但它采用了另一种构造插值多项式的方法。与拉格朗日插值法相比,其具有承袭性和易于变动节点的特点。从本质上来说,两者给出的结果是一样的(相同次数、相同系数的多项式),只是表示的形式不同。

在缺失值样本较少的情况下可以使用删除法来清除,但是若有过多的缺失值,则不适合使用该方法,因为它是以减少历史数据来换取数据的完整性,这将造成大量的资源浪费,并会丢弃隐藏在这些数据中的大量信息。特别是在数据集原来包含记录很少的情况下,删除少量的记录就可能会严重影响分析结果的客观性和正确性。有些模型可以将缺失值视为特殊值,从而允许直接对包含缺失值的数据进行建模。

对于缺失值不处理的情况总体来说还是比较少的,因为一个数据集的正确性和一致性对结果的影响是很大的,也可能会直接在包含缺失值的数据集上直接用网络模型建模,如贝叶斯网络和人工神经网络、生成式模型等。

2. 处理异常值

异常值,即在数据集中不合理的值,又称作为离群点。例如,一个人的年龄是 -15 或者一个苹果的质量为 100 kg,这种类似的值都隶属于异常值。

异常值相较之下并不比缺失值的辨别度高,在庞大的数据集中不可能人为地去判断哪些是异常值,所以需要利用一定的高效率判别方法,判断哪些是异常值,如统计分析、正态分布分析等方法。

对于异常值的清除,常用的方法有四种:删除数据、视为缺失值、平均值修正、不处理。但是实践中异常值的清除是需要视具体情况而定的,因为有些异常值可能蕴含有用的信息,贸然清除可能会对数据集产生消极的影响。处理异常值的常用方法见表2.2。

表2.2 处理异常值的常用方法

处理异常值的方法	方法描述
删除含有异常值的记录	直接将含有异常值的记录删除
视为缺失值	将异常值视为缺失值,利用处理缺失值的方法进行处理
平均值修正	用前后两个观测值的平均值修正该异常值
不处理	直接在含有异常值的数据集上进行挖掘建模

将含有异常值的记录直接删除的方法简单易行,但其缺点也很明显,即在观测值很少的情况下,会造成样本量不足,可能会改变变量的原有分布,从而造成分析结果不准确。视为缺失值进行处理的优点是可以利用现有变量的信息对异常值(缺失值)进行填补。

在很多情况下,要先分析异常值出现的可能原因,再判断异常值是否应该舍弃。如果异常值是正确的数据,可以直接在具有异常值的数据集上进行挖掘建模。在很多监测系统中,异常值才是需要重点监测的对象,异常值的出现意味着需要有相应的应对措施。

3. 数据清洗流程

数据清洗流程如图 2.3 所示。

(1) 数据分析:数据清洗的必要前提,一般会通过相应的统计方法分析数据特点,通过对数据的分析,大致确定数据的问题,为下一步定义清洗规则打好基础。

(2) 定义清洗规则:通过数据分析,针对此类数据的各种问题进行汇总,具体问题具体解决,根据不同的错误类型定义不同的清洗规则。清洗规则主要有非法值、空值、不一致数据、相似重复记录的检测和处理。

(3) 验证:通过定义清洗规则,抽取少量的数据样本进行测试,通过测试的结果查看未能解决的问题数据,根据未能解决的问题数据进一步修改清洗程序或者重新定义清洗规则。数据清洗的过程是一个循环过程,要通过多次分析、验证,直至最大限度地符合清洗水平和质量。

(4) 清洗数据中的错误:选定清洗方法,编写清洗程序。一般来说,清洗规则存在先后顺序,通常为检查数据的拼写错误、剔除重复的数据、补全缺失或者不完整的数据、解决不一致的数据。

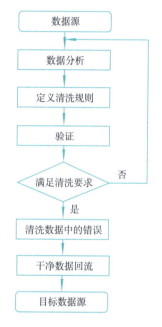

图 2.3 数据清洗流程

(5) 干净数据回流:完成数据清洗之后,用干净的数据替换脏的数据,避免对经过处理的数据进行重复抽取。

4. 应用实例

风能作为一种清洁和可再生资源,对减少气候变化和实现可持续发展具有巨大的影响。随着世界范围风力发电站数量的增加,监控系统在风力发电机状态检测和控制中起着重要作用,且数据驱动的监控系统可以降低风电场大约 10% 的维护成本。风力曲线描述了风力涡轮机的特性,用于风力涡轮机监控、风力功率预测、风力涡轮机选择和风能潜力估计。监控与数据采集系统能够采集风力机的数据,也在风电场的维护和运行中起着重要作用。由于现实生活中的一些不可预见的情况,会导致数据中通常包含不同的异常数据,具有波动、间歇和随机的特征,会干扰到风电功率的统计,大体上可分为负异常数据、分散异常数据和叠加异常数据集,直接导致采集到的风电数据曲线中包含了许多异常点。因此,风力曲线异常数据清理是风电场运行管理后续任务的重要预处理。图 2.4 呈现了 17 个风力涡轮机数据集的数据清洗过程。图中 IT、IDCA、MDT 分别代表不同的数据清理算法。

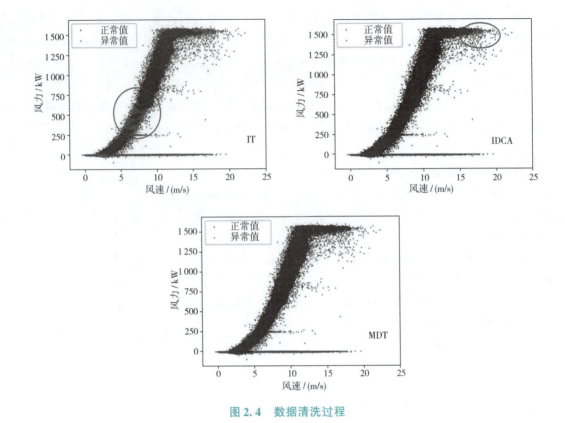

图 2.4 数据清洗过程

2.3.2 数据集成可视化

数据挖掘需要的数据往往分布在不同的数据源中,数据集成就是将相互之间有关联的分布式异构数据源合并存放在一个数据库(如数据仓库)中的过程,使用户能够以透明的方式(指无须关心如何实现对异构数据源数据的访问,只关心以何种方式访问数据)访问这些数据源,且更好地减少结果数据集的冗余和不一致,有助于提高之后数据分析和挖掘过程中的准确性和速度。

数据集成过程中,存在三个难点:异构性、分布性、自治性。异构性是被集成的数据源通常是独立开发的,数据模型异构,给集成带来很大的困难。这些异构性主要体现在数据语义、相同语义数据的表达形式、数据源的使用环境等。分布性是指数据源是异地分布的,依赖网络传输数据,这就存在网络传输的性能和安全等问题。自治性是指各个数据源可以在不通知集成系统的前提下改变自身的结构和数据,给数据集成系统的鲁棒性提出挑战。下面提出了一些具体问题和解决方法:

1. 实体识别问题

来自多个信息源的现实世界的等价实体如何才能进行"匹配"涉及实体识别问题。例如,数据分析或计算机如何才能确信一个数据库中的 customer_id 和另一个数据库中的 cust_number 指的是同一实体。每个属性的元数据包括名字、含义、数据类型和属性的允许取值范围,以及处理空白、零或 NULL 值的空值规则。通常,数据库和数据仓库有元数据(关于数据的数据)。这种元数据可以帮助避免模式集成的错误,也可以用来帮助变换数据。

实体识别是指从不同的数据源中识别出现实世界的实体,它的任务是统一不同源数据的矛盾之处。常见形式如下:

(1)同名异义:数据源 A 中的属性 ID 和数据源 B 中的属性 ID 分别描述菜品编号、订单编号,即描述的是不同的实体。

(2)异名同义:数据源 A 中的 sales_dt 和数据源 B 中的 sales_date 描述的都是销售日期,应该使 A. sales_dt = B. sales_date。

(3)单位不统一:描述同一个实体分别用国际单位和中国传统的计量单位。

检测和解决上述冲突是实体识别的任务。

2. 冗余和相关分析

冗余是数据集成的另一个重要问题。若一个属性能由另一个或另一组属性"导出",则这个属性可能是冗余的。属性命名的不一致也可能导致数据集中的冗余。仔细整合不同源数据,能减少甚至避免数据冗余与不一致,从而提高数据挖掘的效率和质量。对于冗余属性要先进行分析,检测到其存在后再将其删除。

有些冗余属性可以用相关分析检测。例如,给定两个属性,根据可用的数据,这种分析可以度量一个属性能在多大程度上蕴涵另一个。对标称数据(互斥,无序但是有类别),可以使用卡方检验;对数值属性,可以使用相关系数和协方差,它们都评估一个属性的值如何随另一个属性变化。

3. 应用实例

抽象知识图也可以称作一种数据集成,被广泛用于存储关于真实实体和事件的事实。由于空间数据的普遍性,知识图中的顶点或边缘可以与其他非空间属性同时具有空间位置属性。如图 2.5 所示,本案例展示了一个餐厅的知识图谱,以及它们菜单上的菜品类型。其中 S 和 R 分别表示具体的餐馆和地理区域。许多基于位置的服务,如 UberEats、GrubHub 和 Yelp 已经采用类似的知识图谱来增强终端用户的位置搜索体验。在本案例中图形和空间数据在同一地理知识图谱中的共存,使用户可以使用本地意图搜索图形。其中本地意图指的是用户希望搜索或查询与其当前位置相关的信息。在本案例中即是用户希望找到附近的某种类型的餐馆或特定菜品。知识图谱通过将分布在不同数据源的数据进行关联并存放在一张图中,可以将图形和空间数据集成在同一个地理知识图形中,对地理信息进行有效管理,挖掘其中的信息,基于地图的交互式网络界面演示一个允许用户通过数据知识图发布位置感知搜索查询的系统,增强最终用户的位置搜索体验,将各个来源的数据进行集成然后可视化展示。

2.3.3 数据变换可视化

数据变换主要是对数据进行规范化处理,将数据转换成适当的形式,以满足挖掘任务及算法的需要。

1. 简单函数变换

简单函数变换是一种对原始数据进行数学函数操作的方法,常见的操作包括平方、开方、取对数、差分运算等。这些变换可用于将非正态分布的数据转换为正态分布的数据。在时间序列分析中,有时候可以通过应用对数变换或差分运算将非平稳序列转化为平稳序列。在数

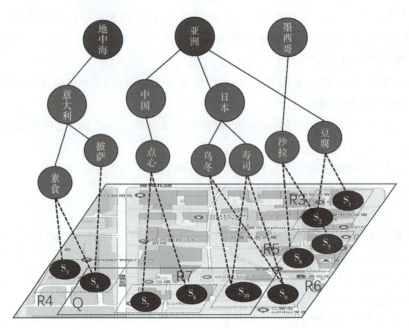

图 2.5 数据集成

据挖掘中,简单函数变换也是非常有用的。举个例子,假设个人年收入的取值范围在 1 万元到 10 亿元之间,这是一个非常大的区间。使用对数变换可以对收入进行压缩,使其更加适合进行数据挖掘分析。

2. 规范化

数据规范化(归一化)处理是数据挖掘中的一项基础工作。由于不同评价指标往往具有不同的量纲,数值之间的差异可能非常大。如果不对其进行处理,这些差异可能会影响数据分析的结果。为了消除指标之间的量纲和取值范围差异的影响,需要进行数据规范化处理,即按照比例进行缩放,使数据落入一个特定的区域,从而便于进行综合分析。例如,可以将工资收入属性值映射到[0,1]或者[-1,1]的范围。数据规范化处理对于基于距离的挖掘算法尤为重要。这样的处理可以确保各个指标在参与距离计算时能够拥有相近的权重,从而提高了数据分析的准确性。

(1)最小-最大规范化:也称为离差标准化,是对原始数据的线性变换,将数值映射到[0,1]上。

(2)零-均值规范化:也称为标准差标准化,经过处理后数据的均值为 0,标准差为 1,这也是当前用得最多的数据规范化方法。

(3)小数定标规范化:通过移动属性值的小数位数,将属性值映射到[-1,1]上,移动的小数位数取决于属性值绝对值的最大值。

3. 连续属性离散化

离散化是将连续属性转换为分类属性的过程,常用于某些数据挖掘算法中对数据进行预处理,即连续属性离散化。

(1)离散化的过程:连续属性离散化就是在数据的取值范围内设置若干个离散的划分点,

将取值范围划分为一些离散化的区间,然后用不同的符号或整数值代表落在每个子区间的数据值。因此,离散化涉及两个子任务:确定分类数以及将连续属性值映射到这些分类值。

(2)常用的离散化方法:包括等宽法、等频法和一维聚类的方法。

①等宽法:将属性的值域分成具有相同宽度的区间,区间的个数可以根据数据特点或用户指定。这种方法类似于制作频率分布表,但对异常值比较敏感,可能导致不均匀地将属性值分布到各个区间。

②等频法:即将相同数量的记录放入每个区间。这种方法避免了等宽法的问题,但可能导致相同的数据值分布到不同的区间,以满足每个区间上固定的数据个数。

③一维聚类的方法。包括两个步骤:首先使用聚类算法(如 K-Means 算法)将连续属性的值进行聚类;然后将聚类得到的簇进行处理,合并到一个簇的连续属性值并做同一标记。这种方法需要用户指定簇的个数,从而确定产生的区间个数。

离散化方法的选择取决于具体的应用场景和数据特点。在进行离散化时,需要综合考虑数据分布、异常值和分类需求等因素,以选择合适的方法来处理连续属性。

4. 属性构造

在数据挖掘过程中,为了提取更有用的信息、挖掘更深层次的模式、提高挖掘结果的精度,需要利用已有的属性集构造出新的属性,并加入现有的属性集合中。

例如,进行防窃漏电诊断建模时,已有的属性包括供入电量、供出电量(线路上各用户的用电量之和)。理论上,供入电量和供出电量应该是相等的,但是在传输过程中存在电能损耗,使得供入电量略大于供出电量。如果该条线路上的一个或多个用户存在窃漏电行为,会使得供入电量明显大于供出电量。为了判断是否有用户存在窃漏电行为,可以构造一个新的指标——线损率,该过程就是进行属性构造。新构造的属性线损率的计算公式为

$$线损率 = \frac{供入电量 - 供出电量}{供入电量} \times 100\%$$

线损率的正常取值范围一般为 3% ~ 15%,如果远远超过该范围,就可以认为该条线路上的用户很可能存在窃漏电等用电异常行为。

5. 小波变换

小波变换是一种新型的数据分析工具,是近年来出现的一种信号分析方法。小波变换的理论和方法在信号处理、图像处理、语音处理、模式识别等领域得到越来越广泛的应用,在工具和方法上都有重大突破。小波变换具有多分辨率的特点,能够在时域和频域上刻画信号的局部特征。它通过缩放、平移等运算过程对信号进行多尺度聚焦分析,提供非平稳信号的时频分析,可以通过粗略和精细的方式逐步观察信号,并从中提取有用的信息。

能够刻画某个问题的特征量往往隐含在一个信号的某个或者某些分量中,小波变换可以把非平稳信号分解为表达不同层次、不同频带信息的数据序列,即小波系数。选取适当的小波系数,即完成了信号的特征提取。

6. 应用实例

流形学习的观点认为,人们所能观察到的数据实际上是由一个低维流形映射到高维空间的。例如,决策部门打算把一些离得比较近的城市聚在一起,然后组建一个大城市。这时,"远近"这个概念显然是指地表上的距离。而对于降维算法来说,如果使用传统的欧氏距离作为距

离尺度,显然会抛弃"数据的内部特征"。如果测量球面上两点之间的距离时采用欧氏距离,就会忽略"这是一个球面"的信息。通过"瑞士卷"图可以有更直观的感受,如图 2.6 所示。

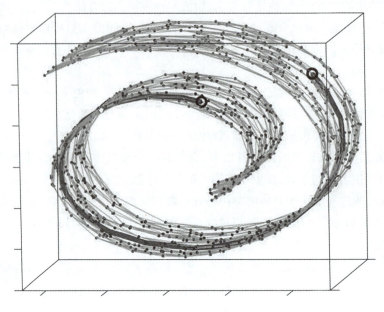

图 2.6 "瑞士卷"图

在图 2.6 中,观察到的数据是三维的,但其本质是一个二维流形。图中所标注的两个小圆圈在流形(把"卷"展开)上本来距离非常远,但是如果用三维空间的欧氏距离来计算,则其距离要近得多。不难看出,流形能够刻画数据的本质,通过数据变换,可以让人们从另一个角度去观察数据,以便更加直观地进行数据分析。

2.3.4 数据归约可视化

在处理大数据集进行复杂的数据分析和数据挖掘时,通常需要花费很长的时间和资源。为了提高效率,并保持原始数据的完整性,可以采用数据归约的方法通过对原始数据进行一系列操作,筛选出具有代表性的数据样本或提取关键信息,从而生成一个较小但仍能保持原数据完整性的数据集。在数据归约后的数据集上进行数据分析和数据挖掘可以带来更高的效率。由于数据量减少,计算和处理的时间也相应减少,同时仍保留了原始数据中的重要信息,因此可以更快速地进行复杂的分析和挖掘任务。数据归约的意义如下:

(1)降低无效、错误数据对建模的影响,提高建模的准确性。

(2)少量且具有代表性的数据将大幅缩减数据挖掘所需要的时间。

(3)降低存储数据的成本。

1. 属性归约

属性归约是一种通过合并属性维度或删除不相关属性来减少数据维度的方法,以提高数据挖掘的效率并降低计算成本。其目标是找到最小的属性子集,在保持新数据子集概率分布接近原始数据集概率分布的前提下实现归约。属性归约的常用方法见表 2.3。

表 2.3 属性归约的常用方法

属性规约方法	方法描述	方法解析
合并属性	将一些旧属性合为新属性	初始属性集：$\{A_1,A_2,A_3,A_4,B_1,B_2,B_3,C\}$ $\{A_1,A_2,A_3,A_4\} \to A$ $\{B_1,B_2,B_3\} \to B$ $\Rightarrow$ 规约后属性集：$\{A,B,C\}$
逐步向前选择	从一个空属性集开始，每次从原来属性集合中选择一个当前最优的属性添加到当前属性子集中。直到无法选择出最优属性或满足一定阈值约束为止	初始属性集：$\{A_1,A_2,A_3,A_4,A_5,A_6\}$ $\{\} \Rightarrow \{A_1\} \Rightarrow \{A_1,A_4\}$ $\Rightarrow$ 规约后属性集：$\{A_1,A_4,A_6\}$
逐步向后删除	从一个全属性集开始，每次从当前属性子集中选择一个当前最差的属性并将其从当前属性子集中消去，直到无法选择出最差属性为止或满足一定阈值约束为止	初始属性集：$\{A_1,A_2,A_3,A_4,A_5,A_6\}$ $\Rightarrow \{A_1,A_3,A_4,A_5,A_6\} \Rightarrow \{A_1,A_4,A_5,A_6\}$ $\Rightarrow$ 规约后属性集：$\{A_1,A_4,A_6\}$
决策树归纳	利用决策树的归纳方法对初始数据进行分类归纳学习，获得一个初始决策树，所有没有出现在这个决策树上的属性均可认为是无关属性，因此将这些属性从初始集中删除，就可以获得一个较优的属性子集	初始属性集：$\{A_1,A_2,A_3,A_4,A_5,A_6\}$ （决策树图：A_4 根节点，Y 分支到 A_1，N 分支到 A_6；A_1 的 Y 分支到类1，N 分支到类2；A_6 的 Y 分支到类1，N 分支到类2） $\Rightarrow$ 规约后属性集：$\{A_1,A_4,A_6\}$
主成分分析	用较少的变量去解释原始数据中的大部分变量，即将许多相关性很高的变量转化成彼此相互独立或不相关的变量	主成分分析方法有很多种，实现的方法步骤也不同，这里不再一一赘述

合并属性是将一些旧属性合为新属性的方法。逐步向前选择、逐步向后删除和决策树归纳属于直接删除不相关属性或维度的方法。主成分分析是一种用于连续属性的数据降维方法，它通过构造原始数据的一组正交变换使得新空间的基底去除了原始空间基底下数据的相关性，达到一个只需要使用少数新变量就能够解释原始数据中大部分变异的效果。通常情况下是选出比原始变量个数少，但能解释大部分数据中变量的几个新变量，即所谓主成分，用来代替原始变量进行建模。

2. 数值归约

数值归约是指通过选择替代的、较小的数据来减少数据量，包括无参数方法和有参数方法。无参数方法需要存放实际数据，如直方图、聚类、抽样等。有参数方法则是使用一个模型来评估数据，只需要存放参数，而不需要存放实际数据，如回归模型（线性回归模型和多元回归模型）。这样可以大幅减小数据集的大小，同时保留足够的信息以支持分析和建模。

（1）直方图：使用分箱来近似数据分布，是一种流行的数据归约形式。属性 A 的直方图将 A 的数据分布划分为不相交的子集或桶。如果每个桶只代表单个属性值/频率对，则该桶称为单桶。通常，桶表示给定属性的一个连续区间。这里结合实际案例说明如何使用直方图做数值归约。

下面的数据是某餐饮企业菜品的单价(按人民币取整,单位为元),从小到大排序。
3,3,5,5,5,8,8,10,10,10,10,15,15,15,22,22,22
22,22,22,22,22,22,25,25,25,25,25,25,25,25,25
30,30,30,30,30,35,35,35,35,35,39,39,40,40,40

图 2.7 使用单桶显示了这些数据的直方图。为进一步压缩数据,通常让每个桶代表给定属性的一个连续值域。在图 2.8 中,每个桶代表长度为 13 元的价格区间。

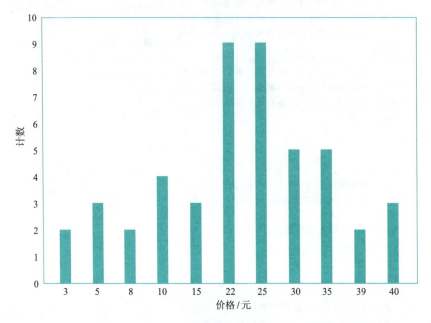

图 2.7　使用单桶的价格直方图(每个桶代表一个价格/频率对)

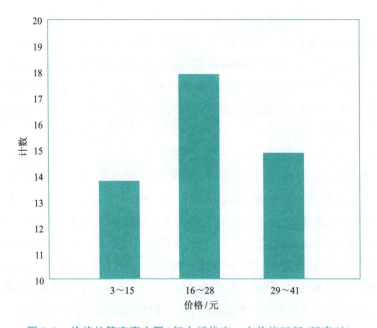

图 2.8　价格的等宽直方图(每个桶代表一个价格区间/频率对)

(2)聚类:聚类技术是将数据元组(即数据表中的一行)视为对象,并将这些对象划分为簇的方法。聚类的目标是使同一个簇内的对象相互之间"相似",而与其他簇中的对象"相异"。在数据归约中,可以使用数据的簇来替代实际的数据。聚类技术的有效性取决于簇的定义是否能够符合数据的分布特点。如果簇的定义能够准确地捕捉到数据的内在结构和相似性,则使用聚类进行数据归约可以有效地减少数据量,同时保留了数据的主要信息。

(3)抽样:也是一种数据归约技术,通过使用比原始数据小很多的随机样本(子集)来代表整个数据集。假设原始数据集 D 包含 N 个元组,可以采用抽样方法对 D 进行抽样。常用的抽样方法有以下几种:

① s 个样本无放回简单随机抽样:从 D 的 N 个元组中抽取 $s(s<N)$ 个样本,其中 D 中的任意元组被抽取的概率均为 $1/N$,每个元组都有相同的机会被选中。

② s 个样本有放回简单随机抽样:该方法类似于 s 个样本无放回简单随机抽样,不同之处在于每次一个元组从 D 中被抽取后,对其进行记录,然后放回原处。

③聚类抽样:如果 D 中的元组分组放入 M 个互不相交的"簇",则可以得到 s 个簇的简单随机抽样,其中 $s<M$。例如,数据库中的元组通常一次检索一页,这样每页就可以视为一个簇。

④分层抽样:如果将 D 划分成互不相交的部分,称作层,则通过对每一层的简单随机抽样就可以得到 D 的分层样本,同时保证每一层都有适当的代表性。例如,可以得到关于顾客数据的一个分层样本,按照顾客的每个年龄组创建分层。

用于数据归约时,抽样最常用来估计聚集查询的结果。在指定的误差范围内,可以确定(使用中心极限定理)估计一个给定的函数所需的样本大小。通常样本大小 s 相对于 N 来说非常小。而通过简单地增加样本大小,这样的集合可以进一步求精。

(4)参数回归:简单线性模型和对数线性模型可以用来近似描述给定的数据。简单线性模型对数据建模,使其拟合一条直线。下面先介绍一个简单线性模型的例子,然后简单介绍对数线性模型。

把点对(2,5)、(3,7)、(4,9)、(5,12)、(6,11)、(7,15)、(8,18)、(9,19)、(11,22)、(12,25)、(13,24)、(15,30)、(17,35)归约成线性函数 $y=wx+b$,即拟合函数 $y=2x+1.3$ 上对应的点可以近似看作已知点,如图2.9所示。

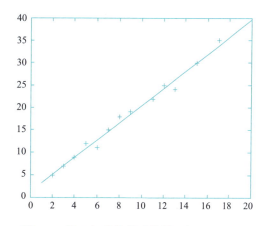

图2.9 将已知点归约成线性函数 $y=wx+b$

其中,y 的方差是常量13.44。在数据挖掘中,x 和 y 是数值属性。系数2和1.3(称作回归系数)分别为直线的斜率和 y 轴的截距。系数可以用最小二乘方法求解,它使数据的实际直线与估计直线之间的误差最小化。多元线性回归是简单线性回归的扩展,允许相应变量 y 建模为两个或多个预测变量的线性函数。

对数线性模型用来描述期望频数与协变量(指与因变量有线性相关关系,并在探讨自变量与因变量的关系时通过统计技术加以控制的变量)之间的关系。考虑期望频数 m 取值在0与 $+\infty$ 之间,故需要进行对数变换,即 $f(m)=\ln m$,使它的取值在 $-\infty$ 与 $+\infty$ 之间。对数线性模型为

$$\ln m = \beta_0 + \beta_1 x_1 + \cdots + \beta_k x_k$$

其中,对数变换 $\ln m$ 为期望频数的自然对数,通过对数变换将 m 从 $(0, +\infty)$ 的范围转换为 $(-\infty, +\infty)$,便于线性回归建模。β_0 是常数项(截距),在所有预测变量 $x_1, x_2, \cdots, x_k$ 都为零时,$\ln m$ 的值。$\beta_1, \beta_2, \cdots, \beta_k$ 是回归系数,分别对应于每个预测变量 $x_1, x_2, \cdots, x_k$。每个回归系数 β_i 表示当对应的预测变量 x_i 增加一个单位时,$\ln m$ 的变化量。$x_1, x_2, \cdots, x_k$ 是预测变量(协变量),用于预测 m 的值。这些变量表示影响期望频数的特征或因素。

对数线性模型一般用来近似离散的多维概率分布。在一个 n 元组的集合中,每个元组可以看作 n 维空间中的一个点。可以使用对数线性模型基于维组合的一个较小子集,估计离散化的属性集的多维空间中每个点的概率,这使得高维数据空间可以由较低维空间构造。因此,对数线性模型也可以用于维归约(低维空间的点通常比原来的数据点占据较少的空间)和数据光滑(与较高维空间的估计相比,较低维空间的聚集估计较少受抽样方差的影响)。

3. 应用实例

不平衡的样本数据分类的问题一直是研究热点。传统的数据挖掘算法只关注分类器对数据的总体准确率,而不关心少数类样本的准确率。提升数据中少数类样本的分类准确性是进行数据挖掘关键的一步。数据归约是解决样本分布不平衡问题的重要技术之一,主要通过增加少数类样本数量或减少多数类样本数量的方式,提高少数类样本的分类性能。图 2.10 所示为原始数据集的样本分布情况和经过数据归约处理后的样本分布情况。可以看出,通过数据归约处理降低了数据的不平衡率,增加了少数类样本的数目,从而提升了少数类样本的分类准确性。

彩色图片

(a)原始数据集的样本分布情况　　　　(b)经过数据归约处理后的样本分布情况

图 2.10　原始数据集的样本分布情况和经过数据归约处理后的样本分布情况

2.4　数据管理与存储可视化

随着信息化时代的到来,数据量不断增加且复杂性不断提高,数据库成了不可或缺的工具,用于存储和管理数据。因此,对数据库进行可视化处理的需求也越来越大。数据库可视化将抽象的数据库信息转化为可感知的图形,使得数据更易于被理解和分析,满足用户对数据洞察的需求。数据管理与存储可视化是数据分析中至关重要的技术之一。

数据库可视化的基本原理涉及数据的提取、转换、加载和展示。数据提取是从数据库中获取所需信息的过程,而数据转换则是将原始数据转化为可视化所需的格式。加载过程将经过转换的数据导入可视化工具,最终以图表、图形或其他形式进行展示。这些基本原理构成了数据库可视化的核心步骤,为用户提供了通过视觉方式理解数据的途径。

选择数据库可视化工具和库应根据用户的需求和技术水平来决定。商业工具如Tableau、Power BI等具有用户友好的界面和丰富的功能,适用于各类企业用户。而开源工具如D3.js、Matplotlib则提供了更大的定制化自由和灵活性,适用于具备一定技术背景的用户。这些工具的共同目标是通过可视化帮助用户更好地理解和分析数据。

数据存储与管理可视化是一项关键技术,通过将抽象的数据库信息转化为可感知的图形,帮助用户更好地理解和分析数据。选择适合自己需求和技术水平的数据库可视化工具,可以提升数据管理和决策的效果。商业数据库可视化工具在实际应用中发挥着重要作用,为企业提供了更好的数据管理和智能决策支持。

2.5 数据分析与挖掘可视化

在完成数据预处理后,就可以开始进行数据分析与挖掘工作。数据分析和数据挖掘从最终效果来说都是提取数据中一些有价值的信息,但是二者的侧重点和实现手法有所区别。数据分析是指利用适当的统计分析方法对收集来的大量数据进行分析,将它们加以汇总和理解,最大化地开发数据且发挥数据的作用。数据分析的目的是从原始数据中提取和整理有价值的信息,探索数据本身的内在规律。数据分析任务可以分解为识别、定位、区分、聚类、分类、分布、比较、排列、关联等活动。通过数据可视化的方式进行分析任务可以包括识别、决定、可视化、比较、推理、配置和定位等活动。而基于数据决策的分析任务可以分解为确定目标、评价可选方案、选择目标方案、执行方案等几个步骤。根据统计应用的不同,数据分析可以分为描述性统计分析、探索性数据分析和验证性数据分析三类。其中,描述性统计分析主要是对数据进行汇总和总结,如平均数、中位数、标准差等;探索性数据分析则是通过可视化手段来探索数据的内在关系以及潜在规律;而验证性数据分析则是利用已知理论或假设来验证数据的有效性和可靠性。

数据分析是从统计学发展而来的,在各个行业都体现出巨大的价值。其中比较具有代表性的数据分析方向包括统计分析、描述性数据分析、探索性数据分析、验证性数据分析、联机分析处理等。其中,描述性数据分析隶属于初级数据分析,且有对比分析法、平均分析法、交叉分析法等;探索性数据分析主要侧重于数据之中发现新的特征;验证性数据分析则强调通过对数据的分析来验证所提出的假设。统计分析中传统的数据分析工具有排列图、因果关系图、散点图、直方图等。数据分析在科学研究的很多领域都扮演着重要的角色,它与自然语言处理、数值计算、认知科学、计算机视觉等相结合,衍生出不同种类的分析方法和相应的分析软件。

从流程的角度看,数据分析以数据为输入,通过一系列的分析处理,可提炼出数据中有重要价值的信息。因此,在整个数据处理的工作流程中,数据分析是建立在数据组织和管理基础上的,并通过通信机制与其他应用层面相连接,使其各个层次之间的内容密切关联,数据分析的中间结果或最终结论采用数据可视化的方法来呈现。对于大型或复杂的异构数据集,数据分析的挑战在于如何结合数据组织和管理的特点去考虑数据可视化的交互性和操作性需求。一方面,一些数据分析方法采用增量策略,但没有向用户提供任何中间结果,阻碍了用户对数据分析中间结果的理解和对分析过程的干预。另一方面,用户可以对一些数据分析结果或可视化结果进行微调、定位和选择,这需要数据分析方法针对细微调节快速修正。

数据挖掘是一种更深层次的数据分析方式,又称作知识发现,即从数据中挖掘知识,与传统的数据分析(如统计分析、联机分析处理)方法的本质区别是:数据挖掘在没有明确假设的前提下去挖掘信息、发现知识,所得到的信息具有未知、有效和实用三个特征;而数据分析往往是基于某种目的而进行的。数据挖掘的任务往往是预测性的,更注重数据间的联系,而非传统的通过观察数据来对历史数据进行统计学上的分析。数据挖掘的输入可以是数据库或数据仓库,或者是其他的数据源类型,如网页、文本、图像、视频、音频等。

联机分析处理是一种面向分析决策的方法,它与传统的数据库查询和统计分析工具有所不同。传统方法主要提供数据库中的内容信息,而联机分析处理则提供了一种基于数据的假设验证方法。这个过程可以看作一个演绎推理的过程。相反,数据挖掘并不是验证特定模型的正确性,而是从数据中发现未知的模式。因此,数据挖掘本质上是归纳的过程,通过构建模型来预测未来。数据挖掘可以帮助揭示数据中的隐藏规律和关联性,以支持决策制定和问题解决。总而言之,联机分析处理注重假设验证和演绎推理,而数据挖掘则注重模式发现和归纳推理。两者在分析决策过程中有不同的应用和目标。

数据挖掘与联机分析处理都致力于模式发现和预测,两者相辅相成。当然,数据挖掘并不能取代传统的数据分析技术,不同的实际问题类型需要采用不同的方法。在实际应用实践中,数据可视化作为一种可视化的思维策略和解决方案,可以有效地提高统计分析、探索性数据分析、数据挖掘和联机分析处理的效率。

2.5.1 探索性数据分析与可视化

统计学家最早意识到数据的价值,提出了一系列数据分析方法,用于理解数据特性。数据分析不仅有助于用户选择正确的预处理和处理工具,而且可以提高用户识别复杂数据特征的能力。探索性数据分析是统计学和数据分析结合的产物。著名的统计学家、信息可视化先驱 John Tukey 在其著作 *Exploratory Data Analysis* 中,将探索性数据分析定义为一种以数据可视化为主的数据分析方法,其主要目的包括:洞悉数据的原理、发现潜在的数据结构、抽取重要变量、检测离群值和异常值、测试假设、发展数据精简模型、确定优化因子设置等。

探索性数据分析(exploratory data analysis,EDA)是一种与传统统计分析有所不同的新思路。EDA 旨在通过综合利用数据可视化和统计工具,深入挖掘数据背后的信息,揭示数据的本质规律,从而为后续的数据处理、建模和决策提供有力支持,使分析人员能够更加灵活和敏锐地应对复杂的数据分析挑战。与以统计数据可视化为主的统计图形方法不同,EDA 更注重数据本身的特征而非模型。传统的统计分析强调建立模型并估计模型的参数,然后根据模型生成预测值。然而,EDA 更关注数据本身的结构、离群值、异常值,以及通过数据推导出的模式等。其目标是通过对数据进行探索来发现其中的规律和趋势,而不是仅仅依赖于预先定义的模型。它通过可视化和统计方法来揭示数据的特征和关系,帮助分析人员深入理解数据的内在性质,并提供有关数据的见解和洞察。具体是指对已有数据在尽量少的先验假设下通过作图、制表、方程拟合、计算特征量等手段探索数据的结构和规律的一种数据分析方法,该方法在20世纪70年代由美国统计学家J. K. Tukey提出。传统的统计分析方法通常先假设数据符合一种统计模型,然后依据数据样本来估计模型的一些参数及统计量,以此了解数据的特征,但实际中往往有很多数据并不符合假设的统计模型分布,这导致数据分析结果不理想。EDA则是一种更加贴合实际情况的分析方法,它强调让数据自身"说话",通过EDA可以最真实、直接地观察到数据的结构及特征。

EDA出现之后,数据分析的过程分为两步:探索阶段和验证阶段。探索阶段侧重于发现数据中包含的模式或模型,验证阶段侧重于评估所发现的模式或模型,很多机器学习算法(分为训练和测试两步)都遵循这种思想。当人们拿到一份数据时,如果数据分析的目的不是非常明确、有针对性,可能会感到有些茫然,此刻就更加有必要进行EDA。它能帮助人们初步了解数据的结构及特征,甚至发现一些模式或模型,再结合行业背景知识,也许就能得到一些有用的结论。

从数据处理的流程上看,探索性数据分析和统计分析有很大不同。统计分析的基本流程是问题、数据、模型、分析、结论;探索性数据分析的基本流程是问题、数据、分析、模型、结论。探索性数据分析与数据挖掘在目的和方法上也有很大差别,前者强调对数据的探索和发现,聚类和异常检测被看作探索式过程的一部分,而后者更加注重模型的选择和参数的调节,以从数据中发现未知的模式和结构,并用这些模式来预测未来的趋势。

下面举一个应用中的实例:基于探索性数据分析的时间序列空气质量数据研究。环境问题,特别是$PM_{2.5}$含量等空气质量问题,是国际社会关注的一个重要热点。许多城市实时发布空气环境质量数据,监测环境的动态变化,积累了大量的环境数据。通过对这些时间序列监测数据的探索和分析,可以得到很多有趣的信息。此例基于探索性数据分析和可视化表示,对时间序列空气质量监测数据进行了探索。分析结果可用于研究大气环境质量的时间分布及其动态变化。图2.11所示为夏季和冬季工作日(红线)和周末(黑线)NO_2和O_3的日变化趋势。工作日NO_2浓度较高。根据O_3与NO_2的化学反应,NO_2增加时,O_3相应减少。冬季NO_2和O_3的关系相同。

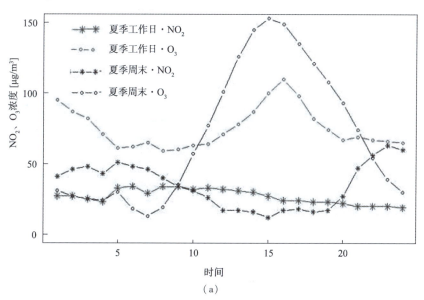

彩色图片

图2.11 夏季和冬季工作日(红线)和周末(黑线)NO_2和O_3的日变化趋势

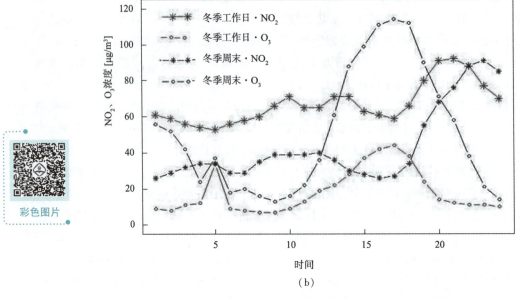

图 2.11 夏季和冬季工作日(红线)和周末(黑线)NO_2 和 O_3 的日变化趋势(续)

图 2.12 所示为中国的空气质量时空分布图。我国夏季空气质量较好,冬季空气质量较差,北方空气质量较南方相对更差。造成这一现象的主要原因是我国大部分地区空气对流强、风力大,而北方地区冬季供暖导致污染排放量更高且空气对流较差。

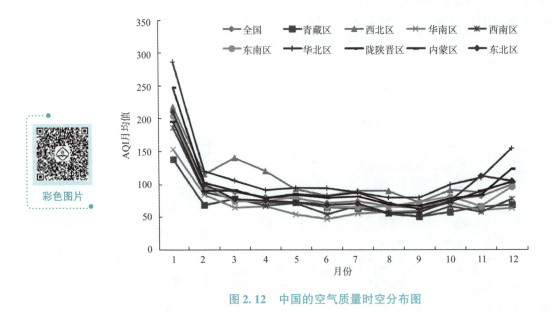

图 2.12 中国的空气质量时空分布图

2.5.2 联机分析处理与可视化

联机分析处理是一种用于交互式探索大规模多维数据集的方法。与关系型数据库将数据表示为表格中的行数据不同,联机分析处理更注重统计学意义上的多维数组。将表单数据转换为多维数组通常需要两个步骤。首先,确定作为多维数组索引项的属性集合,以及作为多维数组数据项的属性。索引项的属性必须具有离散值,而数据项的属性通常是一个数值。在确定了索引项和数据项之后,可以根据索引项来表示一个多维数组。这样,就可以通过多维数组的结构和数值来进行分析和探索,从而更好地理解数据集的特征和关系。

联机分析处理的核心表达是多维数据模型。该模型可以表示为一个数据立方体,相当于多维数组。数据立方体是允许各种聚合操作的多维数据表示。例如,一个数据集记录一组产品在不同日期和地点的销售情况,这个数据集可以看作一个三维(日期、地点、产品)数组。对于这个数据立方体,可以实现三种二维聚合(三维聚合为二维)、三种一维聚合(三维聚合为一维)和零维聚合(计算所有数据项的总和)。

数据立方体[见图2.13(a)]可用于记录包含十个维度以及数百万个数据项的数据集,并允许在这些数据集之上构建维度层次结构。通过对数据立方体不同维度的聚集、检索和数值计算等操作,可以从不同的角度完成对数据集的理解。由于数据立方体的高维性和大规模性,联机分析处理面临的挑战是设计高度交互的方法。一种解决方案是预先计算和存储不同级别的聚合值,以减小数据规模。另一种解决方案是从系统的可用性出发,可以将任意时刻的处理对象限制在一部分数据维度,从而减少处理的数据内容。

联机分析处理被广泛认为是一种支持策略分析和决策制定过程的方法,与数据仓库、数据挖掘和数据可视化的目标密切相关。切片是其基本操作之一,如图2.13(b)所示。切片是指从数据立方体中选择在一个或多个维度上具有给定属性值的数据项,等价于在整个数组中选取子集。

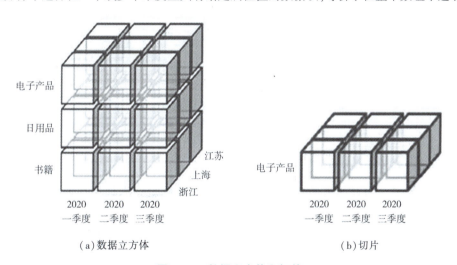

图 2.13 数据立方体和切片

联机分析处理是交互式统计分析的一种高级形式。面对复杂的数据,将数据可视化与数据挖掘方法相结合,并将其转化为数据的在线可视化分析方法,这是联机分析处理方法的发展趋势。例如,联机分析过程将数据聚合的结果存储在另一个维度较低的数据表中,并对数据表进行排序,以呈现数据的规律性。这种聚合—排序—布局的方法允许用户结合数据可视化方法(如时序图、散点图、地图、树图和矩阵)理解高维数据立方体表示。特别是当待分析数据集的维数高达几十个维度,数据可视化可以快速降低数据复杂度,提高分析效率和准确度。

Polaris(见图 2.14)是由斯坦福大学开发的、用于分析多维数据立方体的可视化工具,它针对基于表格的数据进行可视化及分析,可以认为是对表格数据(如电子表格数据、关系型数据库数据等)的一种可视化扩展。它继承了经典的数据表单的基本思想,并在表格各单元中使用嵌入式的可视化元素替代数值和文本。当前系统提供了各类统计可视化方法,如柱状图、饼图、甘特图、趋势线等,以帮助用户更好地理解和分析数据。Polaris 的商业版本 Tableau 已经取得了极大的成功,广泛应用于各个行业和领域。

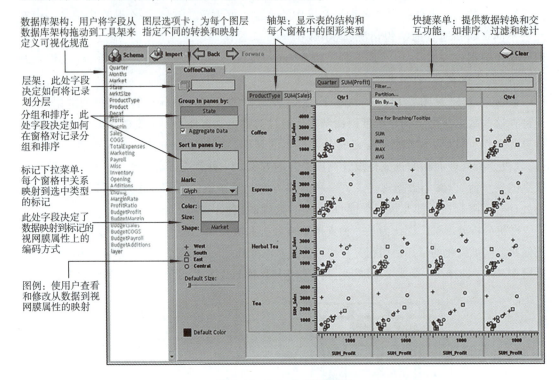

图 2.14 Polaris 系统界面

2.5.3 数据挖掘与可视化

数据挖掘是指设计特定的算法,通过探索从大量数据集中发现知识或模式的理论和方法。它是知识工程学科中知识发现的关键步骤,可以针对不同的数据类型(如数字数据、文本数据、关系数据、流数据、网页数据和多媒体数据)设计特定的数据挖掘方法。

数据挖掘是一种通过自动或半自动的方法对大量、不完全、有噪声、模糊和随机的数据进行挖掘和分析的过程。其目标是从数据中提取潜在的有用信息,并发现其中的模式、规律和趋势。数据挖掘综合了统计学、数据库、人工智能、模式识别和机器学习等领域的理论和方法。它不同于传统的数据查询或网页搜索,而是着眼于处理具有挑战性的问题,如异常数据、高维数据、异构数据和异地数据等。

基本的数据挖掘任务分为两类:一类是基于某些变量预测其他变量的未来值,即预测性方法(如分类、回归、偏差检测);另一类是以人类可解释的模式描述数据,即描述性方法(如聚类、概念描述、关联规则发现)。在预测性方法中,对数据进行分析的结论可用于构建全局模型,将这种全局模型应用于观察值可预测目标属性的值。而描述性方法的目标是使用能反映隐含关系和特征的局部模式,以对数据进行总结。

简单来讲,数据挖掘是指将大量数据中有效的、新颖的、潜在有用的、最终可理解的规律和知识进行识别与整合。而数据可视化是以形象直观的方式展现数据,让用户以视觉理解的方式获取数据中蕴含的信息。两者的流程对比如图 2.15 所示。

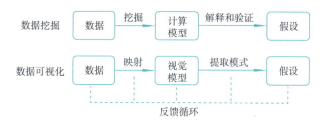

图 2.15　数据挖掘与数据可视化的流程对比

数据挖掘的主要方法介绍如下:

1. 分类

分类是数据挖掘中的一种重要技术,是指对给定的数据集进行标记或分类的过程。在分类过程中,通常需要将数据集分为训练集和测试集两部分。分类算法需要从训练集中学习并构建出一个分类模型,而后测试集则用于测试模型的精度和泛化能力。分类算法可以基于不同的分类技术和算法来实现,如决策树、支持向量机、朴素贝叶斯、神经网络等。图 2.16 所示为利用决策树进行数据分类的过程,即使用决策树模型对含有多种特征的鸢尾花数据进行分类,以区分每一种鸢尾花的种类。

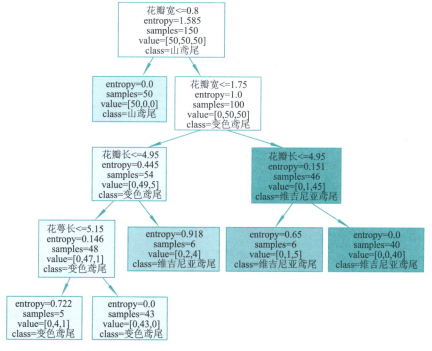

图 2.16　利用决策树进行数据分类的过程

2. 回归

回归是一种用于研究变量之间关系的统计分析方法。它可以通过对自变量与因变量的一系列观测值进行分析,来确定它们之间的定量关系。其中,线性回归是最常用的回归方法之一,它利用数理统计中的回归分析来建立自变量和因变量之间的线性关系模型。此外,当自变量为非随机变量、因变量为随机变量时,对两者关系的分析称为回归分析;当自变量和因变量都是随机变量时,对两者关系的分析称为相关分析。在回归分析中,通常使用多条折线图来对结果进行展示分析。

3. 偏差检测

在大型数据集中,经常会出现一些与其他数据有明显差异的异常值或离群值,统称为偏差。这些偏差包含了一些潜在的知识,如分类中的异常样本、不满足规则的特例、观测结果与模型预测值的偏差、量值随时间的变化等。偏差检测的基本方法是寻找观测结果与参照值之间有意义的差别。通过比较数据点与期望值的差异,可以发现偏差并从中获得有用的信息。偏差预测应用广泛,如信用卡诈骗监测、网络入侵检测、异常客流监测等。图 2.17 所示为一个信用卡交易监测的异常发现可视化例子。在信用卡交易监测中,偏差通常表现为异常交易,如欺诈、异常消费等。为了检测这些异常,可以通过可视化手段直观地展示交易数据的特征。

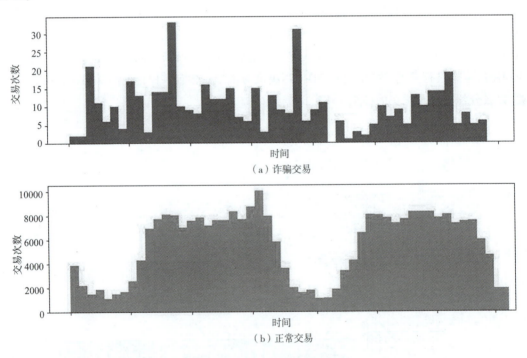

图 2.17 信用卡异常交易监测

4. 聚类

聚类是一种无监督学习的技术,它将给定的数据点根据它们之间的相似度划分为不同的类别。聚类应满足的条件是位于同一类的数据点彼此之间的相似度大于与其他类数据点的相似度。聚类技术的目标是通过寻找数据点之间的共享特征或模式,将它们组织成有意义的簇。聚类在划分对象时,不仅要考虑对象之间的距离,还要求划分出的类具有某种内涵描述,从而避免传统技术的某些片面性。

5. 概念描述

概念描述是对某一类数据对象的内涵进行描述,并概括这类对象的相关特征。它分为特征性描述和区别性描述两种类型。前者用于描述该类对象的共同特征,后者则用于描述不同类对象之间的区别。生成一个类的特征性描述只涉及该类对象中所有对象的共性,而生成一个类的区别性描述则需要考虑不同类别之间的差异,它可以通过决策树法、遗传算法等方法来实现。图 2.18 所示为分类和聚类两种方法的区别:分类需要已知类别的特征进而判断数据属于何种类别;而聚类则不需要明确类别的特征,仅根据数据本身特征分为若干组,满足同组对象间尽可能相似,而不同组对象间的差异尽可能大。

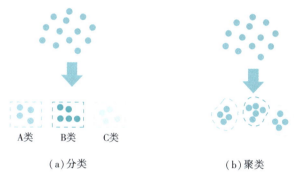

(a)分类　　　　　　　　　　　(b)聚类

图 2.18　分类和聚类两种方法的区别

6. 关联规则发现

关联规则发现是对数据集中不同数据之间的相互依存性和关联性进行描述。关联规则发现是数据挖掘中的一种重要技术,它可以帮助人们发现数据中存在的规律和关联,并从中提取有用的知识。数据关联是指在数据库中存在的一类重要的、可被发现的知识。当两个或多个变量的属性值之间存在某种规律性时,称为关联。关联可以分为简单关联、时序关联和因果关联等不同类型。如果两个或多个数据之间存在关联,那么可通过其他数据预测其中一个数据。关联规则发现是从事务、关系数据的项集合对象中发现频繁模式、关联规则、相关性或因果结构。例如,在某大学的科研管理系统中,多位教师姓名相同但研究方向不同,给论文与作者匹配带来了困难。如图 2.19 所示,每个团队中均有一位作者的姓名为 Wang Wei。为了解决同名作者混淆的问题,他们分别对合作关系图中每一个发文团队进行研究。可以看到浅黄色色块包裹的节点的教师研究方向均为生物科学,浅粉色色块包裹的节点研究方向均为材料科学,而绿色色块包裹的节点研究方向为信息技术,同时不同团队中的节点的发文关键词均有很大的独立性。该可视化案例中,利用作者间的关联关系,以及其所属的领域方向,帮助确定论文归属的问题。

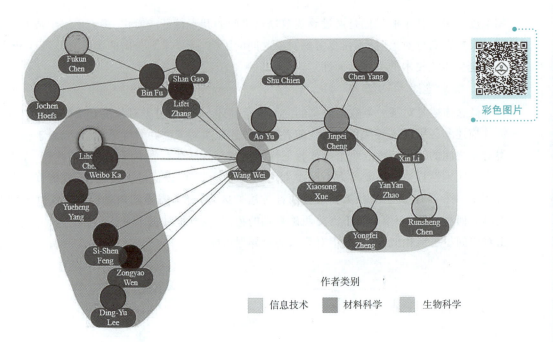

图 2.19 作者关联发现案例

2.5.4 可视数据挖掘

随着数据挖掘与可视化两种数据探索方式的飞速发展,两者的关系变得越发密切,其在数据分析和探索方面融合的趋势越来越明显,因此,数据挖掘领域衍生出一种称为"可视数据挖掘"的技术。可视数据挖掘的目的在于,使用户能够参与对大规模数据集进行探索和分析的过程,并在参与过程中搜索感兴趣的知识。同时,在可视数据挖掘中,可视化技术也应用于呈现数据挖掘算法的输入数据和输出结果,使数据挖掘模型的可解释性得以增强,从而提高数据探索的效率。可视数据挖掘在一定程度上解决了将人的智慧和决策引入数据挖掘过程这一问题,使人能够有效地观察数据挖掘算法的结果和一部分过程。通常来说,可视数据挖掘能够增强传统数据挖掘任务的效果,如时空聚类可视化(见图 2.20)、分类(见图 2.21)、相关性检测(见图 2.22)等。

在图 2.20 中,通过展示时空聚类结果中每个类别的统计信息来表达聚类结果的优劣;在图 2.21 中,提供了一个交互式构建决策树的环境,该系统支持对决策树进行添加、剪枝、修改等操作,使用户能够自由构建和分析适合当前场景的分类决策树;在图 2.22 中,利用皮尔逊相关系数度量特征间的相关性,得到在大学校园中进入图书馆行为与网关登录行为的相关性,进而可以设置阈值删除冗余的特征。例如,进入图书馆时间的平均数与中位数的相关系数达到了 0.95,两者有很强的相关性,在后续分析中选择其中一组数据即可。

可视数据挖掘通常简单地在操作步骤上结合可视化与数据挖掘,其效用不足以解决大数据的所有问题。对于一些黑箱数据挖掘方法,可视化无法有效地展示算法的内部过程。相比于在输入、输出步骤上引入可视化,更加完善的方法是结合可视化与数据处理的每个环节,这种思路成为"可视分析"这一新兴探索式数据分析方法的理论基础。

第 2 章 数据处理可视化

图 2.20 时空聚类可视化

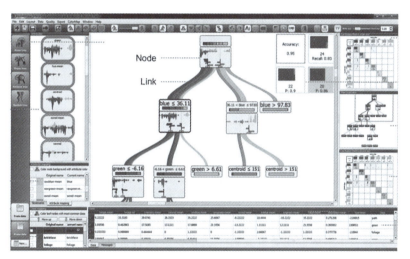

图 2.21 交互式构建决策树的环境

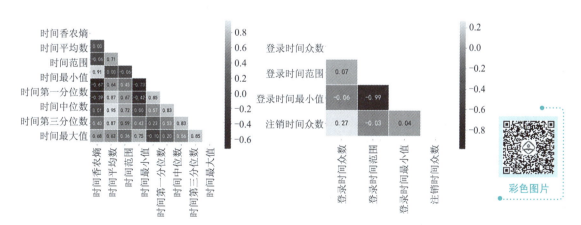

(a) 进入图书馆行为　　　　　　　　(b) 网关登录行为

图 2.22 学生行为数据的相关性检测

知识发现的目标和数据挖掘存在交集,它是从数据集中提取出有效的、新颖的、潜在有用的,以及最终可理解的模式的过程。数据挖掘最早出现于统计文献中,并广泛流行于统计分析、数据分析、数据库和信息科学领域。而知识发现始于知识工程和认知科学,流行于人工智能和机器学习领域。知识发现的基本流程如图2.23所示。

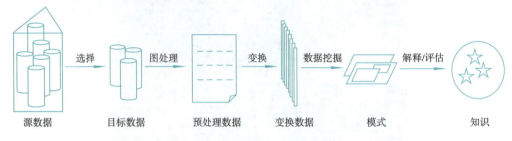

图 2.23 知识发现的基本流程

(1) 选择:了解与选择知识发现的输入数据集。
(2) 图处理:对输入数据集进行预处理,消除错误,弥补缺失信息。
(3) 变换:将数据变换为数据挖掘方法的处理格式。
(4) 数据挖掘:应用数据挖掘工具。
(5) 解释/评估:了解和评估挖掘结果。

2.6 数据可视化处理分析综合实例

随着高校信息化建设的快速发展,各种信息管理系统以及硬件设备在学校得到广泛应用,学生校园生活相关的各类数据被存储下来,这为深入、客观地了解学生在校园的表现提供了前所未有的机会。本案例旨在通过分析学生在校园内的日常生活行为数据了解他们的行为模式、社交关系,可以为大数据背景下的学生精细化管理提供有价值的决策支撑。研究所用的数据来源于北京市某高校,包括就餐行为数据、购物行为数据以及上网行为数据等。本节将对数据来源、数据收集、数据预处理以及特征提取等工作进行详细介绍,为后续分析打下基础。

1. 数据收集

通常,学生不同种类的数据存储于不同的信息系统中,例如,学籍和成绩信息存储于教务系统,进入图书馆的门禁刷卡记录存储在图书馆的门禁系统,一卡通相关的消费记录存储于一卡通系统,网关登录行为存储在网关计费系统,网页浏览行为以日志格式存储在网关系统的日志服务器中。这些数据来自不同的信息,且具有不同的表达格式,后续称为多源异构行为数据。为了能对这些数据进行持续、稳定地集成分析,本案例研发并搭建了一个高校校园大数据处理框架,其自下至上分为五层,分别是数据源层、数据采集层、数据治理层、数据管理层、数据应用层,如图2.24所示。

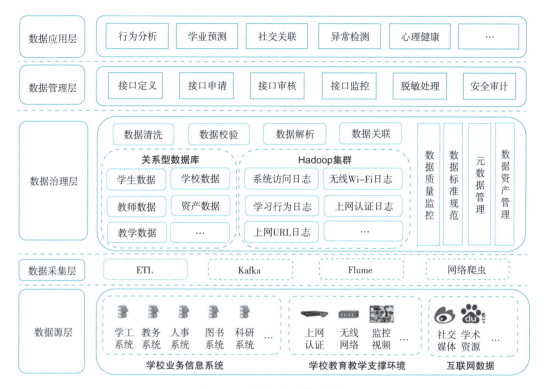

图 2.24 校园大数据处理框架

2. 数据预处理

本案例收集的一卡通消费行为数据、进出图书馆记录数据、网关登录行为数据属于事务型行为数据,每条记录对应一次行为事件,包含事件发生的时间、地点以及事件的内容。例如,一条一卡通消费记录对应学生的一次刷卡消费行为,记录了该学生本次消费的时间、地点以及消费的金额。这些行为数据真实记录了学生的行为,但是从数据分析和挖掘的角度观察,存在数据冗余或者噪声的问题,例如学生在一次就餐过程中多次刷卡,或者在很短的时间内反复多次进出图书馆等。同时,由于行为数据中的时间和地点信息都是文本信息,无法直接作为模型的输入,也需要进行转化。因此,对事务型行为数据进行了以下预处理操作:

(1)按照校历将行为时间中的日期转化为从 1 开始的整数,即每学期开学第一天对应的日期转化为 1,开学第二天对应的日期转化为 2,依此类推。

(2)将一天 24 小时均匀地划分为多个刻度,进而将每次行为时间中的具体时间转化为对应的时间刻度值。为了满足不同应用场景对时间间隔粒度的需求,将间隔分别设置为 5 分钟、15 分钟、30 分钟、1 小时、2 小时。

(3)建立地点代码表,将地点名称转为代码。

(4)对时间地点转化后的行为数据进行去重或合并操作。对于一卡通消费行为数据,将具有相同日期、时间和地点的消费记录合并为一条记录,金额等于被合并的消费金额求和;对于相同的多条图书馆门禁记录,仅保留一条记录;对于网关登录行为数据,将在同一地点、同一时间登录的多条网关记录的访问时长和网络流量进行求和,合并为一条记录。

3. 特征选择

由于聚类算法中衡量样本间的相似性通常是通过计算某种距离(如欧氏距离等),距离越近,说明样本越相似。然而,随着样本特征数量的增加,计算距离所需的计算量会显著增加,且聚类性能下降,通常称这种现象为"维数灾难"。为了解决该问题,采用方差分析和相关性分析从上述每种行为的特征中选择最佳的特征。

(1)特征方差分析:方差用于说明数据分布的离散程度,方差越低,说明数据分布越紧密。当数据集中某个特征的方差较低时,表示所有样本在该特征的值相似,不会给聚类算法提供更多有用的信息,因此,可以将方差小的特征删除。四种消费行为的特征方差如图2.25所示。通过观察该图,可以发现三种现象:①所有特征的方差都低于0.1,这说明学生消费行为的差异不明显。②消费金额相关的特征的方差明显低于其他特征,其中,早餐行为中和消费金额相关的特征的方差趋近于零,这是因为早餐的饭菜价格差别不大,容易理解;午餐的饭菜品种更加丰富,价格差异较大,因此午餐行为中的消费金额相关的特征的方差大于早餐行为也是容易理解的;然而,通常情况下,晚餐的饭菜和午餐基本一样,但是晚餐行为中的消费金额相关的特征的方差却明显低于午餐,这个现象很有趣。③消费频次、地点熵以及消费时间相关的特征具有相对较高的方差,因此,这些特征可以用于表达不同的行为模式。

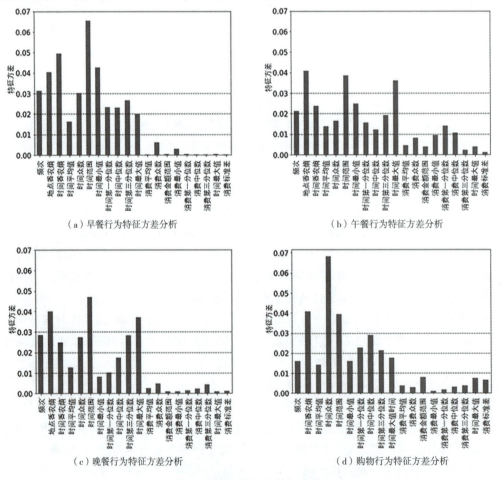

图 2.25 消费行为特征方差

(2)特征相关性分析:如果一个特征可以被其他特征推理得到,则说明该特征是冗余的。利用皮尔逊相关系数度量特征间的相关性,进而设置阈值删除冗余的特征。四种消费行为的特征相关行分析如图 2.26 所示。

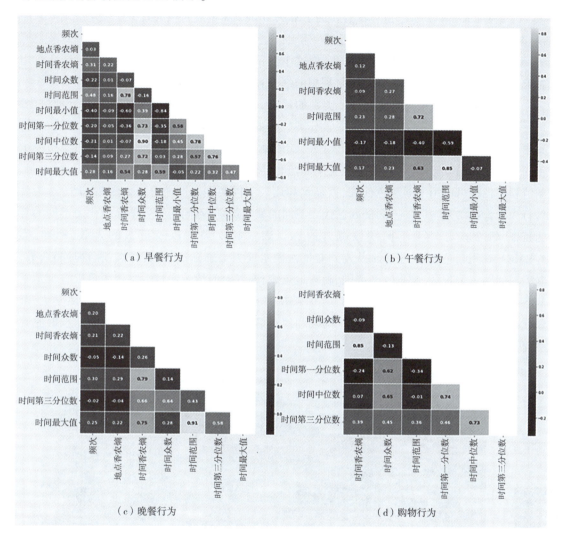

图 2.26　进入图书馆行为和登录网关行为的特征方差

4. 无监督学生行为聚类

首先从统计学角度提取以时序数据格式表达的学生行为的特征,并通过方差和相关性分析进行特征选择。然后,充分利用 DBSCAN 和 K-means 算法的聚类优势相互补充,形成一种集成的无监督聚类框架。

数据集包括早餐行为数据、午餐行为数据、晚餐行为数据、购物行为数据、进入图书馆的门禁刷卡记录数据,以及登录网关行为数据,共计 9 024 人。

(1)利用 DBSCAN 进行初始聚类。DBSCAN 作为经典的密度聚类算法,假设可以通过样本分布的紧密程度确定聚类的结果,该方法适用于任意形状的数据集,而且可以自动过滤噪声。考虑到了解学生行为特征空间的形状是一件非常困难的事情,本节采用 DBSCAN 进行聚

彩色图片

类。对于给定的学生行为数据集,DBSCAN 通过一组邻域参数描述该数据集内学生样本分布的紧密程度。然而,DBSCAN 算法的聚类结果大小不均匀,在某些极端情况下,某些大类几乎包含所有的样本,这显然无法满足精细化管理的需求。

(2)利用 K-means 算法进行细分。为了解决 DBSCAN 生成的较大且无法满足应用需求的簇,需要采用某聚类算法对其进行进一步细分。而 K-means 算法作为经典的原型聚类算法,可以将数据集划分为指定数量的簇,而这个数量值可以根据特定评价指标同时结合应用需求共同确定。因此,K-means 算法是理想的细分算法。

为了直观地表达聚类结果中各个类别的特点,引入平行坐标图对聚类结果进行可视化。平行坐标图是一种可视化和交互式探索分类数据的新方法,该方法基于平行坐标的轴布局,其中每个轴表示不同的特征,轴上的线段表示该轴代表的特征的类别,而轴之间的线条表示不同特征之间的分流关系,每条线的宽度和流程路径,均由类别总数的比例分数所决定。每条流程路径都可以用不同颜色代表,以显示和比较不同类别之间的分布。图 2.27 所示为晚餐行为的聚类结果,其中,不同的颜色代表不同的聚类类别,不同的平行坐标轴代表不同的行为特征,每个坐标轴上不同线段侧方的标识表示特征类别以及流入的人数,例如,类 4_KMEANS 用紫色表示,坐标轴从左到右依次表示聚类类别标签、晚餐频次、晚餐时间众数、晚餐时间第三分位数、晚餐时间范围、晚餐地点熵、晚餐时间熵。通过观察该图可以直观地了解各个类别中学生的行为特点,例如,类 0_KMEANS(图中蓝色部分)中共有 1 870 名学生,其就餐频次主要分布在 20~60 之间,时间熵和地点熵都较高,这些特征说明该类学生按时吃晚餐,但是就餐时间和地点不规律。

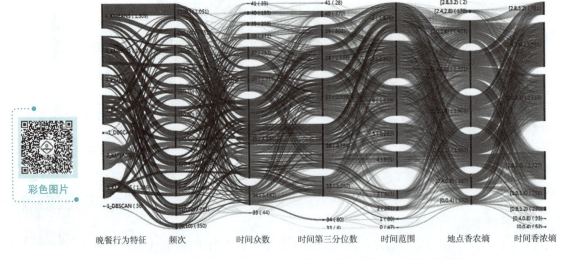

图 2.27 利用平行坐标图可视化晚餐行为的聚类结果

接着,采用主成分分析方法(PCA)将行为空间的特征维度降至两维,并采用散点图对聚类结果进行可视化。图 2.28 所示为对晚餐行为聚类结果的可视化展示,图 2.28(a)所示为本例所提方法的聚类结果,其中,浅蓝色的点表示噪声类和小众类中的样本,其他六种色彩明亮的颜色分别表示晚餐行为利用 DBSCAN 获得初始聚类中的 0 类被 K-means 算法细分的结果,红色的实心圆点分别表示六个细分获得子类的质心。由于对于晚餐行为,利用 PCA 方法获得的前两维特征的累计方差可以达到68.6%，因此，降维后的可视化展示基本可以表达原始空间中样本的分布。图2.28(b)则显示了仅利用K-means算法对晚餐行为进行聚类的结果，在相同的空间区域采用和所提方法相同的颜色表示不同的类别，其中，蓝色的叉号表示每类的质心，为了说明集成方法的优势，将图2.28(a)中的红色质心也显示在图2.28(b)中，通过对比可以发现，质心存在偏差，蓝色的质心会向离散的点进行偏移，这会导致其无法有效地代表该类行为的特征；而在本例的算法中，首先通过DBSCAN对噪声或者小种类中的样本进行过滤，就可以有效避免噪声对K-means算法的影响，因此，得到的质心会更有代表性。

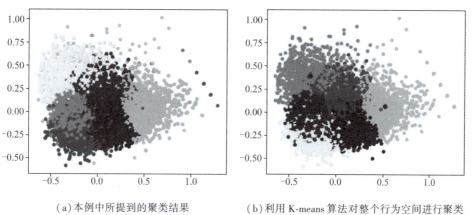

(a) 本例中所提到的聚类结果　　(b) 利用K-means算法对整个行为空间进行聚类

图2.28　PCA降维后利用散点图展示聚类结果

小　　结

本章通过对数据处理的过程(数据获取、数据预处理、数据管理与存储、数据分析与挖掘)进行介绍，举例说明了可视化在各步骤中的作用。其中，主要介绍了数据预处理可视化。数据预处理可视化分为数据清洗可视化、数据集成可视化、数据变换可视化、数据归约可视化四部分。之后，对数据可视化在数据分析与挖掘中的作用进行了介绍。最后，通过一个综合实例对数据处理分析过程进行了详细介绍。通过学习本章内容，读者可以加深对数据可视化的理解，从而深刻认识到数据可视化不仅是对结果的呈现，还可以对数据分析与挖掘的各步骤起辅助作用。

习　　题

一、选择题

1. 数据预处理的主要内容包括(　　)、数据集成和数据归约。
    A. 数据清洗、数据提取
    B. 数据清洗、数据变换
    C. 数据提取、数据变换
2. 常用的离散化方法有(　　)。

A. 等宽法、等频法、聚类
B. 等宽法、等时法、聚类
C. 等宽法、等频法、分类

二、填空题

1. 数据处理流程包括数据获取_____、_____、_____、数据分析、数据存储。

2. 数据变换主要是对数据进行_____处理,将数据转换成适当的形式,以满足_____及算法的需要。

3. 属性归约的目标是找出_____的属性子集,并确保新数据子集的概率分布尽可能地接近_____的概率分布。

4. 大型数据集中常有异常值或离群值,统称_____。

三、简答题

1. 简述数据处理流程。
2. 什么是数据预处理流程?简要介绍一种你掌握的数据变换方法。
3. 在对数据进行特征提取之前,需要对原始数据进行哪些操作?
4. 简述数据分析的重要性。在人们日常生活中运用到哪些数据分析技术?
5. 数据挖掘的主要方法有哪些?

第 3 章 数据可视化设计

学习要点

(1) 可视化的基本流程及核心要素。
(2) 视觉感知基本原理。
(3) 格式塔理论包含的各项原则。
(4) 视觉编码方法。
(5) 基本的数据可视化。
(6) 可视化设计方法。

知识目标

(1) 掌握可视化设计的流程、原则、基本方法。
(2) 理解格式塔理论包含的各项原则。
(3) 掌握在可视化设计过程中建立视觉层次、突出重点的方法。

能力目标

熟练掌握基本的数据可视化方法。

本章导言

通过第 2 章对数据处理过程的学习,可以从大量的数据中抽取出有意义的数据。本章通过对数据可视化的基本流程、视觉感知原理、视觉编码方法、基本的可视化图表,以及可视化设计方法的介绍,阐述数据可视化设计的相关理论与基本方法,为后续高级可视化方法的学习打下基础。

3.1 数据可视化的基本流程

早期的数据可视化由数据处理和图形绘制组成,如图 3.1 所示。将原始数据转化为可视数据,实现了从数据空间到可视空间的映射。主要流程包含:数据分析、数据过滤、数据映射和图像绘制。其中,数据分析是可视化流程的核心,能有效地从数据中提取有用的信息。

图 3.1 早期的数据可视化流程

早期的可视化主要用于结果的呈现。随着大数据挖掘技术的发展,可视化开始在数据挖掘与分析的各阶段发挥作用,出现了可视分析学。可视分析学的基本流程是通过人机交互,将自动和可视分析方法紧密结合。图 3.2 所示为由 Daniel Keim 等提出的可视化分析学标准流程,起点是输入的数据,终点是提炼的知识,是从数据到知识,再从知识到数据的循环过程。从数据到知识有两个途径:交互的可视化方法和自动的数据挖掘方法。这两个途径的中间结果分别是对数据的交互可视化结果和从数据中提炼的数据模型。用户既可以对可视化结果进行交互修正,也可以调节参数,以修正模型。从数据中洞悉知识的过程也主要依赖这两条主线的互动与协作。

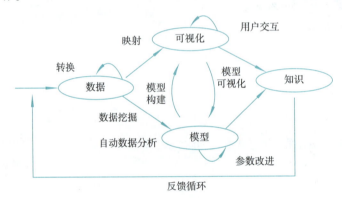

图 3.2 可视化分析学标准流程

在很多应用场合,自动分析或可视分析方法需要对异构数据源进行整合。因此,流程的第一步需要对数据进行预处理,便于后续分析。预处理任务包括数据清理、数据集成、数据变换与数据归约等步骤。

对数据进行预处理后,分析人员可以在自动分析方法和可视分析方法之间选择。自动分析方法用于对原始数据进行分析,挖掘数据的内在价值,并生成数据模型,在这种情况下,需要专业的分析人员交互地评估和改进数据模型。可视化界面为分析人员在自动分析方法的基础上修改参数或选择分析算法提供了自由,通过可视化数据模型,可提高模型评估的效率,帮助发现新的规律或做出结论。在一个可视分析流水线中,允许用户在自动分析方法和可视分析方法之间进行自由搭配是最基本的要素,有利于迭代地改善初始结果,也可尽早发现中间步骤的错误结果或自相矛盾的结论,从而快速获得高可信度的结果。

在任意一种可视化或可视分析流水线中,机器智能可部分代替人工,并且很多时候比人工的效率高,但人是核心的要素,是最终的决策者,是知识的加工者和使用者,因此,数据可视化工具不能完全替代人的作用。在很多场合,复杂且难以通过机器智能解决的问题,使用可视化工具可以有效提高工作效率。对于另一些场合,需要人检查其效果并验证其正确性,这时,可视化可以作为监控与调试的临时性工具,而不是长期使用的必需工具。这就是可视化工具的意义所在。数据可视化基本流程中的核心要素包括三方面:数据表示与变换、数据的可视化呈现、用户交互。

1. 数据表示与变换

数据可视化的基础是数据表示和变换。为了允许有效地可视化、分析和记录,输入数据必须从原始状态变换到一种便于计算机处理的结构化数据表示形式。通常这些结构存在于数据本身,需要研究有效的数据提炼或简化方法,以最大限度地保持信息和知识的内涵及相应的上下文。有效表示海量数据的主要挑战在于采用具有可伸缩性和扩展性的方法,以便忠实地保持数据的特性和内容。具体而言,大多数研究需要将来自不同渠道、具有不同特性的信息统一化,以便数据分析人员能够迅速提取核心数据信息,并专注于其本质。在此过程中,数据的表示与变换发挥着举足轻重的作用,它们是数据预处理过程中不可或缺的关键步骤。

2. 数据的可视化呈现

将数据以一种直观、容易理解和操作的方式呈现给用户,需要将数据转换为可视表示并呈现给用户。数据可视化向用户传播了信息,而同一个数据集可能对应多种视觉呈现形式,即视觉编码。数据可视化的核心内容是从巨大的、呈现多样性的空间选择最合适的编码形式。某个视觉编码是否合适的判断因素包括感知与认知系统的特性、数据本身的属性和目标任务。

大数据时代,数据采集通常是以流的形式实时获取的,针对静态数据发展起来的统计结果,可视化方法无法直接拓展到动态数据。新的任务不仅要求可视化结果有一定的时间连贯性,而且要求可视化方法给出实时反馈。因此,不仅需要研究新的可视化软件算法,而且需要更强大的计算平台(如分布式计算或云计算)、显示平台(如高分辨率显示器或大屏幕拼接)和交互设备(如体感交互、可穿戴式交互)。

3. 用户交互

对数据进行可视化和分析的目的是解决目标任务。有些任务可明确定义,有些任务则更广泛或者一般化。目标任务通常可分成三类:生成假设、验证假设和视觉呈现。数据可视化可用于从数据中探索新的假设,也可证实相关假设与数据是否吻合,还可帮助数据专家向公众展示其中的信息。交互是通过可视的手段辅助分析决策的直接推动力,人们对于有关人机交互的探索已经持续了很长时间,但智能、适用于海量数据可视化的交互技术还是一个未解难题,其核心挑战是新型的、可支持用户分析决策的交互方法,该类方法也成为近年来研究的热点。这些交互方法涵盖了底层的交互方式与硬件、复杂的交互理念与流程,需要克服不同类型的显示环境和不同任务带来的可扩充性问题。

3.2 视觉感知基本原理

在可视化和可视分析过程中,用户是核心参与者,他们通过视觉感知器官获取可视信息,并对这些信息进行编码和认知。用户通过与可视化系统的交互来获取解决问题的方法和策略。在这个过程中,用户的感知和认知能力直接影响他们对信息的获取和处理。不同的感知能力可能导致对可视化信息的理解和解释有所不同。同时,用户的认知能力也会影响他们对数据的分析和推理能力。因此,用户的感知和认知能力在可视化和可视分析过程中起着重要的作用。

客观世界和虚拟社会存在并源源不断地产生大量的数据,而人类处理数据的能力已经远远落后于获取数据的能力。众所周知,人眼是一个具有高度并行处理能力的器官,人类视觉具有迄今为止最高的处理带宽。视觉分为低阶视觉和高阶视觉,人工智能的发展使得计算机已经足以模仿低阶视觉,但它在模仿高阶视觉方面仍然力不从心。此外,人类视觉对于以数字、文本等形式存在的非形象化信息的直接感知能力远远落后于对于形象化视觉符号的理解。图 3.3 所示为一段无序的字符,用户从中提取想要的信息,需要较长的时间。例如,寻找字符 N 并计数的时间大约为 5 s,且容易出错。对无序字符数据进行可视化增强操作(见图 3.4),再从中寻找字符 N 的速度不超过 1 s,正确率大幅提高。数据可视化技术正是这种将数据转换为易为用户感知和认知的可视化视图的重要手段,这个过程涉及数据处理、可视化编码、可视化呈现和视图交互等流程,每一个步骤的设计都需要根据人类感知和认知的基本原理进行优化。

USYBFJJOLXKNBGWHIDBDXH
CBDIUHZKSDNKCXGHCOXDN
DBFIUDYGAOSDNHJSBKSHDIK
JSDGBIHADANSKJBSABHSBGV

图 3.3 无序字符

USYBFJJOLXK**N**BGWHIDBDXH
CBDIUHZKSD**N**KCXGHCOXD**N**
DBFIUDYGAOSD**N**HJSBKSHDIK
JSDGBIHADA**N**SKJBSABHSBGV

图 3.4 可视化增强后的无序字符

感知是客观事物通过感觉器官在人脑中的直接反映。人类的感觉器官包括眼、鼻、耳,以及遍布身体各处的神经末梢等,对应的感知能力分别称为视觉、嗅觉、听觉和触觉。认知是指在认识活动的过程中,个体对感觉信号接收、检测、转换、简约、合成、编码、存储、提取、重建、概念形成、判断和问题解决的信息加工处理过程。认知心理学将认知过程看作由信息获取、信息编码、信息存储、信息提取和信息使用等一系列认知阶段组成的按一定程序进行信息加工的系统。其中,信息获取是指感觉器官接受来自客观世界的刺激,通过感觉的作用获得信息;信息编码有利于后续认知阶段的进行;信息存储是信息在大脑里的保持;信息提取是指依据一定的线索从记忆中寻找并获取已经存储的信息;信息使用是指对提取的信息进行认知加工。

3.2.1 视觉感知处理过程

双重编码理论认为人类的感知系统由两个子系统组成,分别负责处理语言方面和其他非语言方面的信息。双重编码理论强调语言和非语言信息在感知和理解过程中起着同等重要的作用。人们不仅依赖于语言来理解世界,还依赖于其他非语言形式的信息加工和理解。人的认知是独特的,它专用于同时对语言与非语言的事物和事件的处理。此外,语言系统是特殊的,它直接以口头与书面的形式处理语言的输入与输出,与此同时,它又保存着与非语言的事物、事件和行为有关的象征功能。任何一种表征理论都必须适合这种双重功能。双重编码理论同时还假定,存在两种不同的表征单元:适用于心理映像的"图像单元"和适用于语言实体的"语言单元"。前者是根据部分与整体的关系组织的,而后者是根据联想与层级组织的。例如,一个人可以通过词语"汽车"想象一辆汽车,或者可以通过车的心里映像来想象一辆车;在相互关系上,一个人可以想象出一辆车,用语言来描述它,也可以读或听关于车的描述后,构造出心里映像。

人们通过实验还发现,如果对被试者以很快的速度呈现一系列图画或字词,被试者回忆出来的图画数目远多于字词数目。这个实验说明,非语言信息的加工具有一定的优势,也就是说,大脑对于视觉信息的记忆效果和记忆速度要好于对语言的记忆效果和记忆速度。这也是可视化有助于数据信息表达的一个重要理论基础。

感知视觉是指视觉系统从外界获取的信息,包括与物体的物理性质相关的低阶视觉信息。这些低阶视觉信息包括深度、形状、边界、表面材质等。通过感知视觉,人们能够感知和理解物体的基本特征和属性。与之相对应的是高阶视觉,它涉及对物体的识别和分类。高阶视觉是大脑对外界信息进行分析和理解的过程,是人类认知能力的重要组成部分。在信息可视化和可视分析研究中,低阶视觉已经得到广泛的验证和应用。

3.2.2 颜色刺激理论

在信息可视化和视觉设计中,颜色是最重要的元素之一。颜色可以传达丰富的信息,非常适合用于对信息进行编码,即将数据信息映射到颜色上。颜色与形状和布局一起构成了最基本的数据编码手段。可视化设计的结果是生成一幅彩色图像,可以在显示器或其他输出设备上显示。因此,可视化结果的表达力和视觉美感取决于设计者对颜色的准确使用。

颜色的形成与光学理论和物理生理学有关。它涉及可见光(电磁能)与周围环境相互作用后进入人眼,并经过一系列的物理和化学变化转化为人脑能够处理的电脉冲,最终形成对颜色的感知。颜色感知的形成是一个复杂的物理和心理相互作用过程。这意味着人类对颜色的感知不仅取决于光的物理性质,还受到心理等因素的影响。此外,人类对颜色的感知也会受到周围环境的影响。

1. 人眼与可见光

可见光是指能够被人眼感知并在人脑中形成颜色感知的电磁波。在整个电磁波谱中,可见光只占据了很小的一部分。当复色光经过色散系统(如棱镜)进行分光时,光的波长(或频率)会被分离并按照大小顺序排列,形成彩色图案。这是因为不同波长的光在经过色散系统后会发生不同程度的偏折,从而使得不同波长的光分离开。这种现象可以在图 3.5 中观察到。

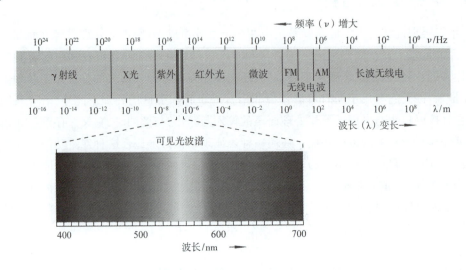

图 3.5　电磁波波谱和可见光

历史上著名的太阳光色散实验由英国科学家艾萨克·牛顿爵士于 1665 年完成,使得人们第一次接触到光的客观的可定量特征。通常人眼能够感知的可见光波长为 390~750 nm。然而,可见光波谱并未包含人眼所能分辨的所有颜色,某些颜色如粉红、洋红等并未出现在可见光波谱中,这些颜色称为合成色,即它们可以通过不同波长的光谱色(即纯色,也称单色)合成得到。

人眼是人类对于环境中大部分信息的获取通道。从外表看,成年人的眼睛是一个直径约为 23 mm 的近似球状体。图 3.6 所示为人眼构造水平截面图,光线依次经过角膜、虹膜、瞳孔、晶状体,最终到达视网膜。人眼由六块运动控制肌肉固定,这些肌肉控制人眼方向以便观察环境中的物体,同时保证眼球在人体头部运动时的稳定性。

人眼的光学系统类似于日常生活中的照相机系统。角膜作为人眼光学系统的最外层,将光线聚焦于晶状体的同时,保护着人眼内部的其他构造;瞳孔由径向肌肉控制其开口大小,光线穿过虹膜后经过瞳孔,可

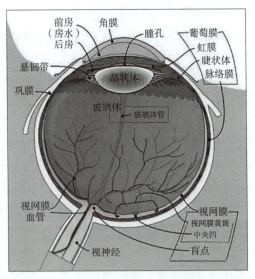

图 3.6　人眼的水平截面图

以控制光线的接收量,类似照相机系统中的光圈结构;晶状体则是人眼光学系统中的凸透镜,由睫状肌调节其焦距,从而使人能够聚焦所看的物体;最后光线到达视网膜,由视网膜上数以亿计的光感受细胞捕获并通过一条视觉总神经连接大脑,经过复杂的物理和化学变化形成对所观察事物的外观感知(形状、颜色等)。

2. 颜色与视觉

从物理学角度来看,光本身并不具有颜色,颜色是人类视觉系统对接收到的光信号的主观感知。颜色的呈现取决于物体的材料属性、光源中不同波长的分布以及个体的心理认知,因此会存在个体之间的差异。所以,颜色既是一种心理生理现象,也是一种心理物理现象。

在颜色视觉理论中,存在两个互补的理论:三色视觉理论和补色过程理论。三色视觉理论认为人眼的三种锥状细胞(L锥状细胞、M锥状细胞和S锥状细胞)对相应波长区域的光信号具有优先敏感性,最终合成形成人们对颜色的感知。补色过程理论则认为人类视觉系统通过对比的方式来感知颜色:红色与绿色相对应,蓝色与黄色相对应,黑色与白色相对应。当人们观察一种颜色时,视觉神经会产生一种反应,使人能够看清这种颜色。当观察完这种颜色后,视觉神经需要恢复到初始状态,然后才能再次看清其他颜色。这个过程是短暂的,在这个过程中,产生了互补色的概念。

3. 颜色视觉障碍

颜色视觉障碍指在正常光照条件下,人眼无法辨认不同的颜色,或者对于颜色辨认存在不同程度的障碍,其分为非正常三色视觉(通常称为色弱)、二色视觉(即色盲)和单色视觉(非常少见)。颜色视觉障碍人数约占世界人口的8%,其中色盲人数所占比例超过2%,该比例在全球各区域的分布上略有差异。颜色视觉障碍是一种隐性遗传疾病,其基因由X染色体携带(也有极少部分是由后天形成的,如视觉神经或相关脑组织损伤所造成的视觉障碍),因此在男性人口中的发病率显著高于女性。

非正常三色视觉(色弱)是颜色视觉障碍中最常见的(约占人口总数的6%),主要表现为对颜色的辨认准确性下降和对不同颜色的分辨能力下降。该症状主要是由视网膜上的某一种类型锥状细胞的功能发生变化或轻微受损引起的,根据锥状细胞的类型可以分为红色弱、绿色弱和蓝色弱三种。二色视觉即为通常所说的色盲,其起因为三种锥状细胞中的某一种类型完全无法工作或不存在,从而导致人眼的视觉空间从三维变为二维,影响人眼对颜色的感知。单色视觉是颜色视觉障碍中最严重的一种情形,日常生活中称为全色盲,人眼几乎已经无法辨认颜色。

由于颜色视觉障碍人口比例较高,设计可视化颜色方案时需要充分考虑用户群体的特征。尽可能使用有效的颜色配置方案,以确保可视化结果对所有用户都能呈现所包含的信息。

3.2.3　色彩空间

色彩空间,也称为色彩模型或色彩系统,是一种抽象的数学模型,用一组值(通常为三个或四个)来描述颜色的方法。这些值可以表示颜色的属性,例如亮度、饱和度和色调。基于三色视觉理论,人眼的视网膜上有三种不同类型的光感受器(即三种锥状细胞),因此理论上只需要三个参数即可描述颜色。例如,在三原色加法模型中(如常见的RGB色彩模型),通过混合不同分量的红、绿和蓝三种原色,就可以表示各种颜色。如果两种颜色在视觉上呈现相同,那么它们在 RGB 模型中的三个分量就被认为是相等的,即它们的颜色可以用相同的三色刺激值来描述。

设计人员或可视化系统用户通常需要为可视化元素选择适当的颜色,以有效地对数据信息进行编码。为此,需要一个良好且直观的界面,使用户能够直接操作和选择各种颜色。由于历史原因,不同场合采用不同的颜色定义方式,因此使用的色彩空间也各不相同。例如,显示器通常使用 sRGB(标准 RGB 色彩空间),而打印机则使用 CMYK 色彩空间。大多数色彩空间无法完全涵盖人眼可分辨的所有颜色,不同色彩空间之间存在有损或无损的数学转换关系。目前常用的色彩空间包括 RGB 色彩空间、CMYK 色彩空间,以及 HSV/HSL 色彩空间等多种。这些空间在不同的应用领域中有着各自的优势和适用性。

1. RGB

RGB 色彩模型是一种使用笛卡儿坐标系定义颜色的色彩空间,其中三个轴分别对应红色(R)、绿色(G)和蓝色(B)三个分量。在这个空间,坐标原点代表黑色,而任意一点代表的颜色都可以用从坐标原点到该点的向量表示。RGB 色彩空间是目前应用最广泛的色彩空间,几乎所有的电子显示设备,包括计算机显示器和移动设备显示组件等,都采用了 RGB 色彩空间。

在 RGB 色彩空间,颜色的表示方式是通过三个分量的数值来确定的,即红色(R)、绿色(G)和蓝色(B)。每个分量的取值范围通常在 0~255 之间,表示颜色的亮度或强度。这种色彩空间是设备相关的,也就是说,相同的 R、G、B 分量在不同设备上所呈现的颜色可能会有所不同。

RGB 色彩模型是一种加法原色模型,它基于光的加法混色原理。在主流的电子显示设备,如 LCD(液晶显示器)或 OLED(有机发光二极管)中,像素由三个子像素组成,分别对应红、绿、蓝三种颜色。通过控制这些子像素的亮度,设备能够混合这三种颜色,从而实现广泛的颜色表现。RGB 色彩模型在数字图像处理、计算机图形学和电子显示技术中被广泛应用。

2. CMYK

CMYK 通常用于印刷行业中,在硬复制、照相、彩色喷墨打印等系统中具有广泛的应用。CMYK 四个字母分别表示青色(cyan)、品红色(magenta)、黄色(yellow)和黑色(black)。在实际的印刷环境中,理论上 C、M、Y 三种颜色的合成可以得到黑色,但是通常由于油墨中含有杂质或其他因素,得到的黑色往往呈现出深褐色或深灰色的现象。另外,三种颜色的打印也不利于输出纸张立即干燥且需要非常精确的套印技术,而使用黑色油墨代替可以极大地节省成本。与 RGB 色彩模型相反,CMYK 色彩模型是一种减法原色模型,通过在白色背景上套印不同数量的三种油墨,通过吸收光源中相应波长的方法得到反射颜色。根据不同的油墨、介质和印刷特性,存在多种 CMYK 色彩空间。

由于印刷和计算机屏幕显示使用的是不同的色彩模型,计算机一般使用 RGB 色彩空间,所以在计算机屏幕上看到的影像色调和印刷出来的有一些差别,主要原因是这两种色彩模型所能表示的色域不同。在进行可视化设计过程中,如果可视化的结果需要打印到纸质媒介上,则必须考虑颜色在不同色彩空间之间转换所带来的色彩畸变,从而尽量避免这种现象。

3. HSV/HSL

RGB 色彩空间和 CMYK 色彩空间使用了不同的原色模型,即加法原色模型和减法原色模型。这些模型通过组合原色定义各自的色彩空间中的所有颜色。然而,这种定义方式并不符合人类对颜色的感知方式。人类通常通过三个问题来感知颜色:是什么颜色? 深浅如何? 明暗如何? 此外,艺术家通常不喜欢使用这些无法用语言描述的原色模型,因为它们与人类对颜色的认知方式不一致。

在艺术创作中,画家通常使用色泽、色深和色调等概念进行配色。他们通过在给定颜色中添加白色来获得色泽,添加黑色来获得色深,并通过调节来获得不同的色调。为此,Alvy Rny Smith 在 1978 年开发了 HSV 色彩空间,而 Joblove 和 Greenberg 则共同开发了 HSL 色彩空间。在 1979 年的 ACM SIGGRAPH(美国计算机协会计算机图形专业组)年度会议上,计算机图形学标准委员会推荐使用 HSL 色彩空间进行颜色设计。这两个色彩空间在计算机图形学领域非常有用,因为它们比 RGB 色彩空间更直观,更符合人类对颜色的语言描述,并且与 RGB 色彩空间之间的转换速度也更快。

HSV 和 HSL 是两种不同的色彩空间。在 HSV 色彩空间中,色相(H)表示颜色的种类,饱和度(S)表示颜色的纯度,明度(V)表示颜色的亮度。降低饱和度相当于在当前颜色中加入灰色,而降低明度相当于在当前颜色中加入黑色。在 HSL 色彩空间,亮度(L)表示颜色的明暗程度。HSV 和 HSL 色彩空间可以用圆柱体坐标系来表示。在圆柱体坐标系中,角度坐标代表色相,从 0°表示的红色开始,经过 120°表示的绿色、240°表示的蓝色,最终回到 360°(=0°)表示的红色。60°、180°和 300°分别表示第二主色——黄色、青色和品红色。在 HSL 和 HSV 圆柱体中,中轴由无色相的灰色组成,明度值或亮度值为 0 表示的黑色到 1 表示的白色。在 HSV 色彩空间,具有饱和度值为 1 和明度值为 1 的颜色在 HSL 色彩空间的亮度值为 1/2。需要注意的是,在 HSL 色彩模型中,非常亮的颜色和非常暗的颜色具有相同的饱和度。因此,可以引入一个称为色度(chroma)的概念,并使用双圆锥体来表示 HSV/HSL 色彩空间。

在实际应用中,通常有两种色彩方案:浅色系和深色系。根据不同的应用场景选择背景颜色。一般计算机屏幕上使用浅色,例如白色或浅色背景,这样更加环保。而监控中使用深色背景,因为监控需要长时间运行,如果使用浅色会发光发亮,耗电较多。对于手机屏幕,白底黑字在白天强光环境中更清晰易读,而深色背景则更适合夜晚,让人更沉浸其中。

3.2.4 格式塔理论

格式塔心理学,又称完形心理学,是西方现代心理学的主要学派之一,诞生于德国,后来在美国得到进一步发展。该学派既反对构造主义心理学的元素主义,也反对行为主义心理学的刺激-反应公式,主张研究直接经验(即意识)和行为,强调经验和行为的整体性,认为整体不等于并且大于部分之和,主张以整体的动力结构观来研究心理现象。该学派的创始人是韦特海默,代表人物还有苛勒和考夫卡。

格式塔心理学派断言:人们在观看时,眼脑并不是在一开始就区分一个形象的各个单一的组成部分,而是将各个部分组合起来,使之成为一个更易于理解的统一体。此外,他们坚持认为,在一个格式塔(即一个单一视场,或单一的参照系)内,眼睛的能力只能接受少数几个不相关联的整体单位。这种能力的强弱取决于这些整体单位的不同与相似,以及它们之间的相关位置。如果一个格式塔中包含了太多的互不相关的单位,眼脑就会试图将其简化,把各个单位加以组合,使之成为一个知觉上易于处理的整体。如果办不到这一点,整体形象将继续呈现为无序状态或混乱,从而无法被正确认知,简单地说,就是看不懂或无法接受。格式塔理论明确地提出:眼脑作用是一个不断组织、简化、统一的过程,正是通过这一过程,才产生出易于理解、协调的整体。任何一种经验的现象,其中每一种成分都牵连到其他成分,每一种成分之所以都有其特性,是因为它与其他成分具有关系。由此构成的整体并不取决于其个别的元素,而局部现象取决于整体的内在特性。完整的现象具有完整的特性,它既不能分解为简单的元素,其特性也不包含于元素之内。

格式塔心理学感知理论最基本的法则是简单精练法则,其认为人们在进行观察时,倾向于将视觉感知内容理解为常规的、简单的、相连的、对称的或有序的结构。同时,人们在获取视觉感知时,会倾向于将事物理解为一个整体,而不是将事物理解为组成该事物所有部分的集合。格式塔法则主要包括以下几项核心原则:

(1)贴近原则:当视觉元素在空间距离上相距较近时,人们通常倾向于将它们归为一组。例如,在如图 3.7 所示的海洋中心主题公园的标志中,不同花纹的颜色一致,由于空间距离近,所以它被识别为一个大写的英文字母"O",从而展现出海洋主题。在图 3.8 中,某公司用瓶子组成微笑的表情,这种方式有助于使用户感知到微笑。

图 3.7　海洋中心主题公园的标志

图 3.8　某公司用瓶子组成微笑的表情

(2)相似原则:人们在观察事物时,即使这些事物本身并没有明确的分组意图,也往往会将具有共同特征的事物组合在一起。这意味着当一个人感知到一组元素时,他倾向于将具有相似特征的元素视为相关项目,并进行适当的分组和联结。这种本能使得用户能够更快地理解整个系统。在界面设计中,通过赋予不同的布局元素相同或相似的视觉特征,可以激发用户对界面进行适当的分组和联结。这些视觉特征可以是形状、颜色、光照或其他属性。通过使用相似的形状、相近的颜色或相同的光照效果,可以帮助用户将相关的元素归为一组,从而更好地理解界面的结构和功能。例如,在图 3.9 中,专门用于经济学的教育应用程序 MoneyWise 的背景颜色用于标记类别,在互动的过程中,它可以帮助用户快速地获得应用的信息。在图 3.10 中,散点集使可视化结果自然体现出两个数据聚类。

(3)连续原则:人们在观察事物时会很自然地沿着物体的边界,将不连续的物体视为连续的整体,通过找到非常微小的共性将两个不同的图形连接成一个整体。如果一个图形的某些部分可以被看作连接在一起,这些部分就相对容易被感知为一个整体。如果元素是对齐的,那么它们在视觉上是相关联的。线条在连续的情况下被视为一个整体的图形。它们的线段

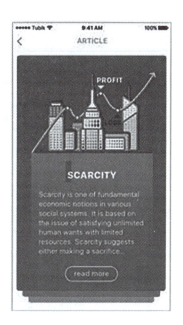

图 3.9 MoneyWise 应用程序

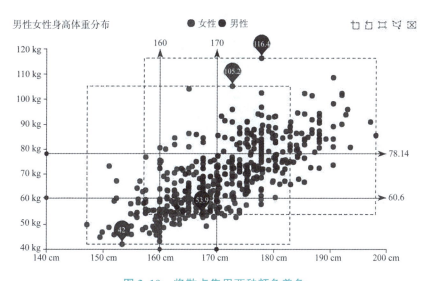

图 3.10 将散点集用两种颜色着色

越平滑,人们就越能看到它们是一个统一的形状图。例如,在图 3.11 中,人的视觉焦点会沿着散点分布形成连续的曲线。在图 3.12 中,字母 H 和叶子是两个不同的图形,但它们可以通过曲线和叶柄这个微小的共性连接成一个整体。

(4)闭合原则:在某些视觉映像中,其中的物体可能是不完整的或者不是闭合的,但格式塔心理学认为,只要物体的形状足以表征物体本身,人们就会很容易地感知整个物体,而忽视未闭合的特征。例如,在如图 3.13 所示的 BEAR 中"隐藏"了一只北极熊,它通过在 A 和 R 之间稍做修改,将两个字母稍微凑近,增强了闭合的错觉,北极熊的图案就显得非常明显。

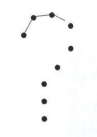
图 3.11 从离散到连续的视觉感知

图 3.12 字母 H 和叶子

图 3.13 BEAR 图标中的隐藏图案

（5）共势原则：共势原则是指如果一组物体具有相同的运动趋势或相似的排列模式，人眼就会将它们识别为同一类物体。例如，如果有两个区域的面积随时间扩大，另两块区域随时间变化缩小，人们就会自然地分辨它们是两组不同趋势的数据。例如，图 3.14 所示为 1800 年到 2022 年的"各国收入情况趋势图"的一个实例，其中不同颜色代表不同的大陆，红色代表亚洲大陆，蓝色代表非洲大陆，绿色代表美洲大陆，黄色代表欧洲大陆，不同颜色的面积随时间变化，人眼会自动将具有类似运动趋势的区域聚为一类。

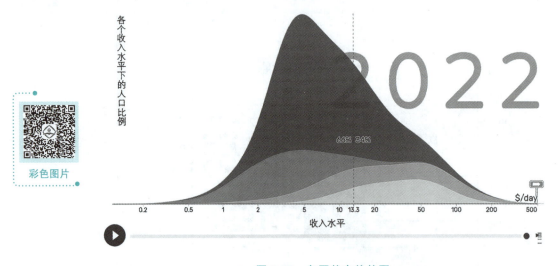
图 3.14 各国状态趋势图

（6）好图原则：好图原则是指人眼通常会自动将一组物体按照简单、规则、有序的元素排列方式进行识别。个体识别世界时通常会消除复杂性和不熟悉性，并采纳最简化的形式。这种复杂性的消除有助于产生对识别物体的理解，而且在人的意识中，这种理解高于空间的关系。例如，图 3.15 展现了对字符 M 形状的两种识别：字符 M 和割裂的五个四边形。在描述图 3.15（b）所示的形状时，人们倾向于将其描述成一系列四边形，而不是直接描述为字符 M。

（7）对称性原则：指人的意识倾向于将物体识别为沿某个点或某条轴对称的形状。因此，按照对称性原则，可将数据分为偶数个对称的部分，对称的部分会被下意识地识别为相连的形状，从而增强认知的愉悦度。如果两个对称的形状彼此相似，它们更容易被认为是一个整

(a) M 字符

(b) 割裂的 M 字符

图 3.15　对 M 字符的两种识别

体。例如,在图 3.16 所示的纽约自行车博览会的海报中,设计理念是将一个圆圈作为主要的焦点。为了创造这个圆圈,设计师将其中的一半描绘成一个自行车轮子,将另一半描绘成井盖。虽然两者在纹理和颜色上有所不同,但在观众眼中,它们就是一个对称的图形。

(8) 经验原则:指在某些情形下视觉感知与过去的经验有关。如果两个物体看上去距离相近或者时间间隔小,那么它们通常被识别为同一类。例如,在图 3.17 中,分别将同一个形状放置在一组字母和一组数字之中,则对该形状的识别结果分别是 B 和 13。

由上面的描述不难看出,格式塔理论的基本思想是:视觉形象首先是作为统一的整体被认知的,而后才以部分的形式被认知。也就是说,人们先"看见"一个

图 3.16　纽约自行车博览会的海报

(a) 一组字母

(b) 一组数字

图 3.17　经验原则举例

构图的整体,然后才"看见"组成这一构图整体的各个部分。可视化设计必须遵循心理学关于感知和认知的理论研究成果。信息可视化是指将信息通过图形元素的表达和重组,获得包含原始信息的视觉图像的过程。在信息可视化设计中,视图的设计者必须以一种直观的、绝大多数用户容易理解的方式对需要可视化的信息进行视觉编码,其中涉及最终用户对可视化视觉图像的感知和认知过程。格式塔心理学是对心理感知和认知进行的一整套完整的心理学研究,并由此而产生的完备理论。尽管格式塔心理学的部分原理对可视化设计没有直接影响,但是在视觉传达设计的理论和实践方面,格式塔理论及其研究成果都得到了应用。

3.3 视觉编码方法

可视化将数据以一定的变换和视觉编码原则映射为可视化视图。用户对可视化的感知和理解通过人的视觉通道完成。在可视化设计中,对数据进行可视化(视觉)元素映射时,需要遵循符合人类视觉感知的基本编码原则,这些原则与数据类型紧密相关。通常情况下,如果违背了这些基本原则,将阻碍或误导用户对数据的理解。

3.3.1 视觉隐喻

在解释或介绍人们不熟悉的事物和概念时,经常使用隐喻来与人们熟悉的事物进行比较,以帮助他们更好地理解。隐喻是一种表达方式,在可视化设计中起着重要的作用。隐喻在可视化设计中扮演着重要的角色。它通过将抽象的概念与具体的事物进行比较,帮助用户更好地理解信息,并在情感上与用户建立共鸣。这体现了人本逻辑的可视化设计,使得设计作品更加易于理解,更有意义。

隐喻的设计包含三个层面:隐喻本体、隐喻喻体和可视化变量。隐喻本体是需要解释或介绍的事物或概念,而隐喻喻体则是与之进行比较的熟悉事物。这两者之间存在某种关联或相似性。通过将隐喻喻体的特征和可视化变量相结合,可以创造出一种自然而直观的可视化隐喻,降低用户理解的难度,并加深他们对产品的印象。

图 3.18 所示为利用简单的颜色和图形展现出不同种类咖啡的配料。咖啡杯的图案代表一个种类的咖啡,不同的颜色则代表不同的配料及添加顺序,颜色占据咖啡杯的比例则代表了配料的用量,能够有效帮助制作者理解和记忆配料内容。此例中,咖啡杯的可视化隐喻是其成功的关键,从整体上利用咖啡杯的形状直观地表明了可视化的背景,然后通过咖啡杯内不同的颜色占比形象地说明了不同配料的占比,非常符合格式塔理论从整体到局部的感知过程。

图 3.18 咖啡配料表

在可视化中也经常使用隐喻的方法,将需要介绍的事物和概念用人们所熟知的事物的视觉形态来呈现。可视化最基本的形式就是简单地把数据映射成彩色图形,其工作原理就是大脑倾向于寻找模式,可以在图形和它所代表的数字之间来回切换。必须确定数据的本质并没有在反复切换中丢失,如果不能映射回数据,可视化图表就只是一堆无用的图形。所谓视觉隐喻,就是在可视化数据时,用形状、大小和颜色来编码数据,根据目的来选择合适的视觉隐喻,并正确使用它。图 3.19 所示为常用的视觉隐喻。

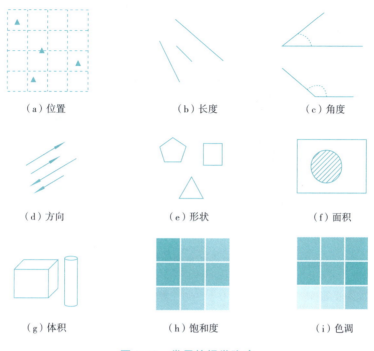

图 3.19　常用的视觉隐喻

(1) 位置:比较给定空间或坐标系中数值的位置。如图 3.20 所示,观察散点图时,是通过一个数据点的 x 坐标和 y 坐标以及和其他点的相对位置来判断。

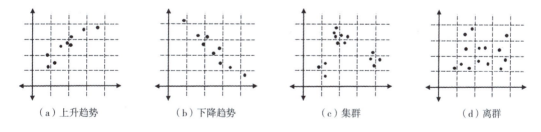

图 3.20　用位置作视觉隐喻的散点图示例

用位置作视觉隐喻往往比其他视觉隐喻占用的空间更少,因为可以在一个二维坐标平面里画出所有的数据,每一个点都代表一个数据。与其他用尺寸大小来比较数值的视觉隐喻不同,坐标系中所有的点大小相同。然而,绘制大量数据后,一眼就可以看出趋势、集群和离群值。

但观察散点图中的大量数据点时,很难分辨出每一个点分别表示什么。即使在交互图中,仍然需要鼠标悬停在一个点以上以得到更多信息,而点重叠时会更不方便。

(2) 长度:图形的长度,通常用于条形图中,条形越长,绝对数值越大。不同方向上或圆的不同角度上都是如此。

长度是从图形一端到另一端的距离,因此要用长度比较数值就必须能看到线条的两端,否则得到的最大值、最小值及其之间的所有数值都是有偏差的。图 3.21 所示为一家主流新闻媒体在电视上展示的一幅税率调整前后的条形图。从左图中可以看出两个数值差异较大,因为数值从 34% 开始,导致右边条形图长度几乎是左边的五倍,而右图中坐标轴从 0 开始,数值看上去就没有那么夸张了。

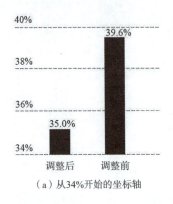
(a) 从34%开始的坐标轴

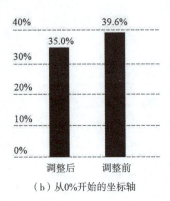
(b) 从0%开始的坐标轴

图 3.21 用长度作视觉隐喻的条形图示例

(3) 角度:向量的旋转,取值范围为 0 ~360°,构成一个圆。有锐角、直角、钝角和直线,任何一个角度都隐含着一个能和它组成完整圆形的对应角,这两个角被称作共轭。这就是通常用角度来表示整体中部分的原因。

(4) 方向:也是空间中向量的斜度。角度是相交于一个点的两个向量,而方向则是坐标系中一个向量的方向,可以看到上下左右及其他所有方向,以帮助测定斜率。图 3.22 中可以看到增长、下降和波动。

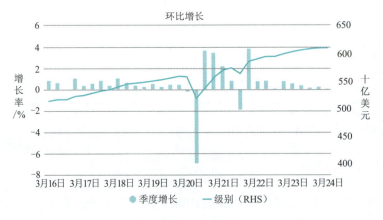

图 3.22 斜率和时序

对变化大小的感知在很大程度上取决于标尺。例如,可以放大比例让一个很小的变化看上去很大,同样也可以缩小比例让一个巨大的变化看上去很小。一个经验法则是,缩放可视化图表,使波动方向基本都保持在 45°左右。如果变化很小但却很重要,就应该放大比例以突出差异。相反,如果变化微小且不重要,就不需要放大比例使其变得显著。

(5)形状:形状和符号通常被用在地图中,以区分不同的对象和分类。地图上的任意一个位置可以直接映射到现实世界,所以用图标来表示是合理的。例如,可以用一些树表示森林,用一些房子表示住宅区。在图 3.23 中,三角形和正方形都可以用在散点图中,不同的形状比一个个点能提供的信息更多。

(6)面积和体积:即二维图形的大小。大的物体代表大的数值。长度、面积和体积分别可以用在二维和三维空间,表示数值的大小。二维空间通常用圆形和矩形,三维空间一般用立方体或球体。也可以更加详细地标出图标和图示的大小。

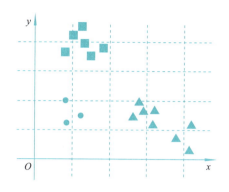

图 3.23　散点图中的不同形状

一定要注意所使用的是几维空间,假设用正方形这个有宽和高两个维度的形状来表示数据,数值越大,正方形的面积就越大。如果一个数值比另一个数值大 50%,希望正方形的面积也大 50%。然而一些软件的默认行为是把正方形的边长增加 50%,而不是面积,这会得到一个非常大的正方形,面积增加了 125%,而不是 50%。三维物体也有同样的问题,而且会更加明显,把一个立方体的长宽高各增加 50%,立方体的体积将会增加大约 238%。

(7)饱和度和色相:两者可以分开使用,也可以结合起来用。色相就是通常所说的颜色,如红色、绿色、蓝色等,不同的颜色通常用来表示分类数据,每个颜色代表一个分组。饱和度是一个表示人眼所见颜色的纯度或强度,假如选择红色,高饱和度的红就非常浓,随着饱和度的降低,红色会越来越淡。同时使用色相和饱和度,可以用多种颜色表示不同的分类,每个分类有多个等级。

(8)视觉隐喻排序:经过前人大量的研究发现,人们理解视觉隐喻(不包括形状)的精确程度从最精确到最不精确的视觉隐喻排序如下:

位置→长度→角度→方向→面积→体积→饱和度→色相

3.3.2　坐标系

在编码数据时,需要将物体放置在特定的位置。为了实现这一点,可使用一种结构化的空间,以及规定了图形、颜色和位置的规则。这种结构化的空间称为坐标系,它赋予了 xy 坐标或经纬度以特定的意义。坐标系有几种不同的类型,几乎可以满足所有的需求,分别为直角坐标系(也称为笛卡尔坐标系)、极坐标系和地理坐标系。

(1)直角坐标系是最常用的坐标系。通常可认为坐标就是被标记为 (x,y) 的 xy 值对。在直角坐标系中,两条线垂直相交形成坐标轴,取值范围从负到正。原点是坐标轴的交点,坐标值表示到原点的距离。角坐标系可以扩展到多维空间。例如,在三维空间中,可以使用 (x, y, z) 三个值来表示坐标。这样的扩展使得在平面或空间中进行图形绘制更加方便和直观。

(2)极坐标系由一个圆形网格构成,其中最右边的点表示零度,角度越大,逆时针旋转越多,距离圆心越远,半径越大。增大角度,逆时针旋转到达垂直线(或者直角坐标系的 y 轴),这时角度为 90°,即直角。继续旋转 1/4 圆,到达 180°,继续旋转直到返回起点,完成了一次 360°的旋转。极坐标系可以更直观地表示角度的变化和方向的指向。通过使用极坐标系,可以更方便地描述和测量圆形、径向对称的图形或数据。

（3）地理坐标系的最大优势在于它与现实世界的联系。通过地理坐标系，可以将位置数据映射到地球上，并获得与特定位置相关的即时环境信息和关联信息。位置数据可以采用多种形式，但通常使用纬度和经度来描述。纬度是相对于赤道的角度，标识地球上的南北位置，而经度是相对于子午线的角度，标识地球上东西的位置。有时，位置数据还可以包含高度信息，作为第三个维度。与直角坐标系相比，地理坐标系的纬度相当于水平轴，经度相当于垂直轴。这意味着地理坐标系可以使用平面投影的方式来表示地球上的位置。

绘制地表地图最关键的地方是要在二维平面上（如计算机屏幕）显示球形物体的表面。有多种不同的实现方法，称为投影。当把一个三维物体投射到二维平面上时，会丢失一些信息。如图 3.24 所示，这些地图投影方式都有各自的优缺点，需要根据需求选取合适的投影方式。

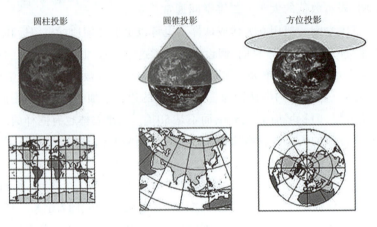

图 3.24　地图投影

3.3.3　标尺

坐标系指定了可视化的维度，而标尺则指定了在每一个维度数据映射到哪里。标尺有很多种，也可以用数学函数来定义自己的标尺，但是基本上不会偏离图 3.25 中所展示的 3 种标尺，包括数字标尺（线性标尺、对数标尺和百分比标尺）、分类标尺（顺序标尺和非顺序标尺）和时间标尺。标尺和坐标系一起决定了图形的位置及投影的方式。

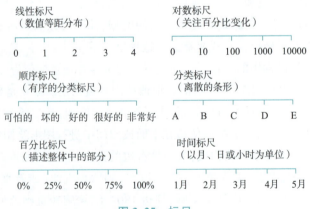

图 3.25　标尺

(1)数字标尺。数字标尺上的间距相等,因此,在标尺的低端测量两点间的距离,和在标尺高端测量的结果是一样的。然而,对数标尺是随着数值的增加而压缩的。对数标尺不像线性标尺那样被广泛使用。对于不常和数据打交道的人来说,它不够直观,也不好理解。但如果关心的是百分比变化而不是原始计数,或者数值的范围很广,对数标尺还是很有用的。百分比标尺通常也是线性的,用来表示整体中的部分时,最大值是100%(所有部分总和是100%)。

(2)分类标尺:为不同的分类提供视觉分隔,通常和数字标尺一起使用。对于条形图来说,可以在水平轴上使用分类标尺(如A、B、C、D、E),在垂直轴上用数字标尺,这样就可以显示不同分组的数量和大小。类别间的间隔是随意的,和数值没有关系。通常会为了增加可读性而进行调整,顺序和数据背景信息相关。当然,也可以相对随意,但对于分类的顺序标尺来说,顺序就很重要。例如,将电影的分类排名数据按从糟糕的到非常好的这种顺序显示,能帮助观众更轻松地判断和比较影片的质量。

(3)时间标尺:时间是连续变量,可以把时间数据画到线性标尺上,也可以将其按月份或者星期来分类,作为离散变量处理。当然,它也可以是周期性的,总有下一个正午、下一个星期六和下一个月份。用户在分析数据时,时间标尺带来了更多的好处,因为和地理地图一样,时间是日常生活的一部分。随着日出和日落,在时钟和日历中,人们每时每刻都在感受和体验着时间。将时间与可视化图表相结合,用户可以更深入地分析挖掘数据。

3.3.4 背景信息

背景信息(帮助更好地理解数据相关的5W信息,即何人、何事、何时、何地、为何)可以使数据更清晰,并且能正确引导读者。至少,几个月后回头来再看的时候,它可以提醒人们这张图在说什么。

有时背景信息是直接画出来的,有时则隐含在媒介中。例如,可以很容易地用一个描述性标题让读者知道他们将要看到的是什么。想象一幅呈上升趋势的汽油价格时序图,可以将其称为"油价",也可以称其为"上升的油价",从而表达出图片的信息,还可以在标题底下加上引导性文字,描述价格的浮动。

所选择的视觉隐喻、坐标系和标尺都可以隐性地提供背景信息。明亮、活泼的对比色和深的、中性的混合色表达的内容是不一样的。同样,地理坐标系可让人们置身于现实世界的空间,直角坐标系的坐标轴只停留在虚拟空间,对数标尺更关注百分比变化而不是绝对数值。

3.4 基本的可视化图表

统计图表是较早的数据可视化形式之一,作为基本的可视化方法目前仍然被广泛使用。对于包含统计分析功能的绝大多数业务系统来说,统计图表更是作为基本的组成元素。本节将介绍一些基本的数据可视化方法,用于可视化原始数据的属性值,直观呈现数据特征。其代表性方法有柱状图、直方图、饼图、折线图、散点图等。

3.4.1 柱状图

柱状图也称为堆叠图,采用长方形的形状和颜色编码数据的属性,柱状图的每根直柱内部也可以用像素图方式编码。柱状图是最常见的图表,也最容易解读,它的适用场合是二维数据集(每个数据点包括两个值 x 和 y),但只有一个维度需要比较,它利用柱形的高度反映数据的差异。人眼对高度差异很敏感,柱状图的辨识效果非常好,但其局限性在于只适用于中小规模的数据集。图 3.26 所示为某城市月最低生活费组成,图 3.27 所示为某站点用户访问来源。

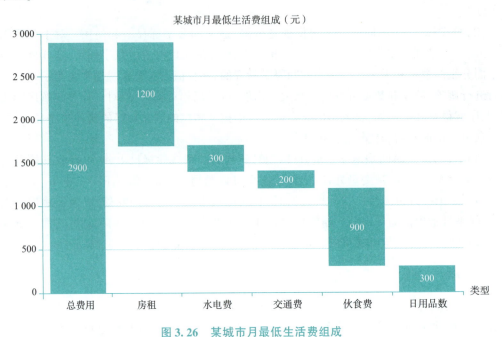

图 3.26　某城市月最低生活费组成

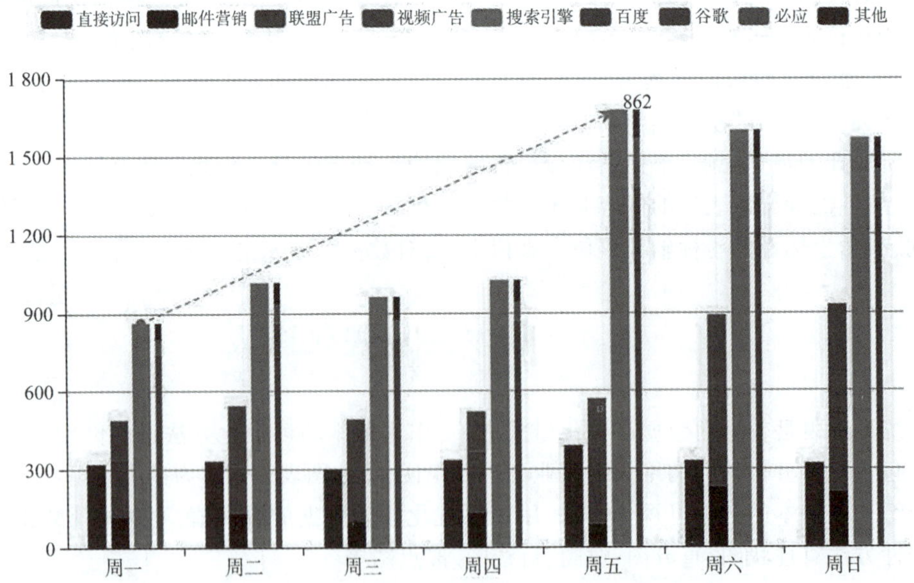

图 3.27　某站点用户访问来源

3.4.2 直方图

直方图是一种统计报告图,是对数据集的某个数据属性的频率统计。对于单变量数据,其取值范围映射到横轴,并分割为多个子区间,每个子区间用一个直立的长方块表示,高度正比于属于该属性值子区间的数据点的个数。图 3.28 所示为 A 城中 7 岁男童的身高,我们可以明显看出,身高分布于 112~123 cm 的人数最多。

直方图可以呈现数据的分布、离群值和数据分布的模态。直方图的各个部分之和等于单位整体,而柱状图的各个部分之和没有限制,这是两者的主要区别。

双直方图是一种便于比较两个数据集的方法,其做法是将两个数据集的频率统计信息分别沿横轴对称呈现。图 3.29 所示为 A 城和 B 城中 7 岁男童的身高,可以明显对比出不同地区 7 岁男童身高分布的差异。

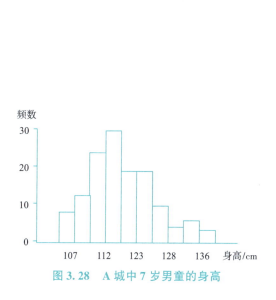

图 3.28　A 城中 7 岁男童的身高

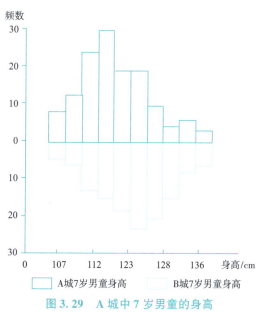

图 3.29　A 城中 7 岁男童的身高

3.4.3 饼图

饼图主要用于展现不同类别数值相对于总数的占比情况。图中每个扇形或环状分块表示该类别的占比大小,所有分块数据的总和为 100%。图 3.30 和图 3.31 分别用饼图和圆环图展示了某站点用户访问来源。

虽然饼图能快速、有效地展示数据的比例分布,并广泛用于各个领域,但饼图及其变形图表一直是比较受争议的图表,使用时要谨慎并避免走进误区。其特点如下:

(1) 饼图适合用来展示单一维度数据的占比,要求其数值中没有零或负值,并确保各分块占比的总和为 100%。

(2) 当饼图中分块过多时,相似分块占比的大小难以快速通过视觉感知,所以建议尽量将饼图分块数量控制在五个以内。当数据类别较多时,可以把较小或不重要的数据合并成一个模块并命名为"其他"。如果各类别都必须全部展示,则选择柱状图或堆积柱状图更合适。

(3) 饼图不适合用于精确数据的比较,因此,当各类别数据占比较接近时,很难对比出每个类别占比的大小。此时,建议选用柱状图或南丁格尔玫瑰图来获取更好的展示效果。

彩色图片

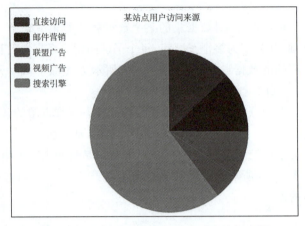

图 3.30　用饼图可视化某站点用户访问来源

彩色图片

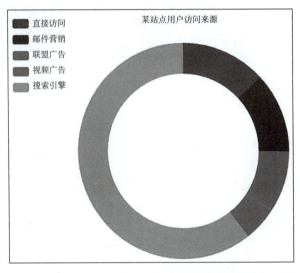

图 3.31　用圆环图可视化某站点用户访问来源

(4)大多数人的视觉习惯是按照顺时针和自上而下的顺序去观察,因此,在绘制饼图时,建议从 12 点开始沿顺时针右边第一个分块绘制饼图中最大的数据分块,有效地强调其重要性。其余的数据分块有两种建议:一种是按照数据大小依次顺时针排列;另一种是在 12 点钟的左边绘制第二大的数据分块,其余的数据分块按照逆时针排列,将最小的数据分块放在底部。

(5)可以添加一些视觉效果来强调饼图中的某个数据。颜色、动效、样式、位置等元素都可以用来突出显示一个扇区,但要注意适度原则,有时太多的视觉效果会让用户在理解数据时分心,甚至引起混乱。

3.4.4　折线图

折线图适合二维的大数据集,尤其是在趋势比单个数据点更重要的场合,可以将排列在工作表的列或行中的数据绘制到折线图中。折线图可以显示随时间(根据常用比例设置)变化的连续数据,因此,它非常适合用于显示在相等时间间隔下数据的趋势。在折线图中,类别数据沿水平轴均匀分布,所有值数据沿垂直轴均匀分布。如果分类标签是文本且代表均匀分布的数值(如月、季度或财政年度),则应该使用折线图。此外,折线图支持多数据进行对比。在图3.32中,用折线图展示了某站点用户访问来源。在图3.33中,用折线图展示了未来一周最高气温和最低气温的变化情况。

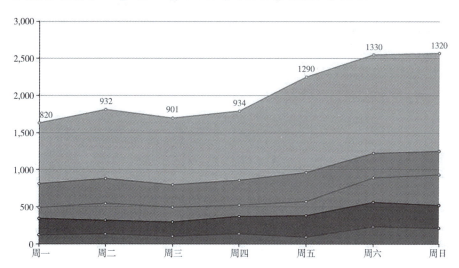

图 3.32　用折线图可视化某站点用户访问来源

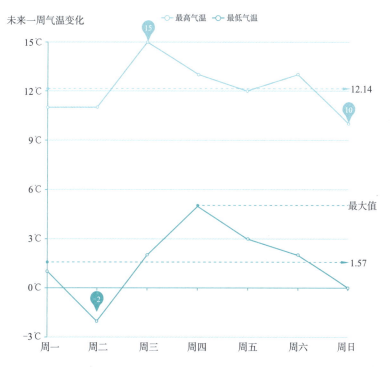

图 3.33　用折线图可视化未来一周最高气温和最低气温的变化情况

3.4.5 散点图

散点图是表示二维数据的标准方法。在散点图中,所有数据以点的形式出现在笛卡儿坐标系中,每个点所对应的横纵坐标代表该数据在坐标轴所表示维度上的属性值大小。散点图矩阵是散点图的高维扩展,用来展现高维(大于二维)数据属性分布。可以通过采用尺寸、形状和颜色等来编码数据点的其他信息。对不同属性进行两两组合,生成一组散点图,来紧凑地表达属性对之间的关系。图 3.34 所示为 2000—2022 年某国家 GDP 占世界的百分比。图 3.35 所示为对不同品种的葡萄进行分类的聚类结果。其中 Dir1 和 Dir2 分别代表了两种不同维度的特征,显然,特征相近的葡萄大概率是相同的品种,因此用相同的图形表示。

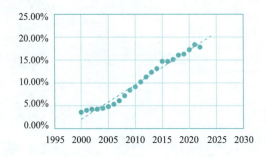

图 3.34　2000—2022 年某国家 GDP 占世界的百分比

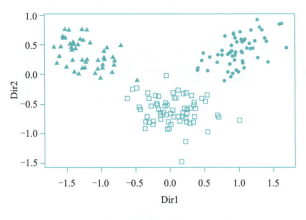

图 3.35　聚类分析图

3.5　可视化设计方法

可视化的首要任务是准确地展示和传达数据中所包含的信息。在此前提下,针对特定的用户对象,设计者可以根据用户的预期和需求,提供有效辅助手段,以方便用户理解数据,从而完成有效的可视化。

在给定数据来源之后,目前已经有很多不同的技术方法能将数据映射到图形元素并进行可视化,同样也存在不少用户交互技术方便用户对数据进行浏览与探索。在研究阶段,要从各种不同的角度观察数据,浏览它的方方面面。要用图形方式向人们展示研究结果,就必须确保受众能很容易地理解图表,应该设计更清晰、简单易懂的图表。有时候数据集是复杂的,可视化也会变得复杂。不过,只要能比电子表格提供的有用信息更多,它就是有意义的。无论是定制分析工具还是数据艺术,制作图表都是为了帮助人们理解抽象的数据,尽力不要让读者对数据感到困惑。

过于复杂的可视化会给用户在理解方面带来麻烦,甚至可能引起用户对设计者意图的误解和对原始数据信息的误读,而缺少直观交互控制的可视化可能会阻碍用户以更直观的方式获得可视化所包含的信息。此外,美学因素也能影响用户对可视化设计产生喜好或厌恶情绪,从而影响可视化作为信息传播和表达手段的功能。总之,良好的可视化提高了人们获取信息的能力,但是也有诸多因素会导致信息可视化的效率低下甚至失败。

因此,在可视化设计过程中,需要突出重点信息和数据,让用户的视线聚焦在可视化结果中最重要的部分,提供给用户有层次的可视化结果,帮助用户找到正确阅读可视化结果的方法。本节将提供一些用于设计有效的可视化的指导思路,以便可视化设计人员在实际的可视化设计中能够遵循并从中获益。

3.5.1 增强图表的可读性

作家用词汇描述其笔下的世界,用这种抽象的方式使读者想象发生了什么,而糟糕的语言描述将使读者难以理解。如果读者无法理解作者想要描述的内容,词汇就失去了意义。同样,用视觉元素编码数据,就需要能解码出图表所表达的内容。可视化设计的一个关键挑战是设计者必须决定可视化视图所包含的信息量。一个好的可视化应当展示合适的信息,而不是信息越多越好。合理的信息展示有利于向用户清晰地叙述可视化故事,需要:筛选信息密度,使信息展示量恰到好处;区分信息主次,使信息显示主次分明。失败的可视化案例主要存在以下两种极端情况:

(1) 可视化展示了过少的数据信息。如图 3.36 所示,如果没有清楚地描述数据,画出可读性强的数据图表,形状和颜色就会失去价值。若图表和相关数据之间的联系被切断,则其结果仅仅产生一个几何图形而已。

图 3.36 视觉暗示和数据所表达内容的联系

此外,在实际情况下,很多数据仅包含 2~3 个不同属性的数值,甚至这些数值可能是互补的,即可由其中一个属性的数值推导出另外一个属性的数值,如男性和女性的比例。在这些情况下,直接通过表格或文字描述即可完整、快速地传达信息,并且能省下不少版面空间,没必要使用可视化手段。然而,当遇到包含更多属性的高维海量数据时,可视化分析工具的使用就非常有必要。需要注意的是,可视化只是辅助用户认识和理解数据的工具,过少的数据信息并不能给用户对数据的认识和理解带来好处。

（2）设计者试图表达和传递过多的数据信息。包含过多的数据信息会大幅增加可视化的视觉复杂度,也会使可视化结果变得混乱。混乱是可读性的大敌,造成用户难以理解、重要信息被掩藏等,甚至让用户自己都无法知道应该关注哪一部分。大量的图表和单词挤在一起,会让一张图表看起来混乱不清,而在它们中间留一些空白往往会使图表变得容易阅读。在一张图表中可以用留白来分隔图形,也可以用留白划分出多个图表,形成模块化。留白会让可视化图表易于浏览并便于分阶段处理。

综上所述,必须维护好视觉隐喻和数据之间的纽带,应向用户有限度地展示关键信息。一般包括以下几点：

（1）建立视觉层次。构建视觉层次是解决问题的核心方法之一,最初基于格式塔理论。该理论考查了用户对相互关联元素的视觉感知,并演示了人们如何将视觉元素分类。具有层次感的图表更易于理解,使用户能够更快地捕捉到关键信息。相比之下,扁平图表缺乏流动感,用户可能相对难以理解。当用户第一次查看可视化图表时,他们通常会快速浏览,试图找到引人注目的部分。人眼倾向于识别引人注目的内容,例如明亮的颜色、较大的物体,以及身高曲线长尾端的内容。例如,高速公路上使用橙色锥筒和黄色警示标志提醒人们注意事故多发地或施工处,因为在单调的深色公路背景下,这两种颜色非常引人注目。这些特性可以用来增强数据的可视化效果。

即使图表的绘制目的是研究或对数据进行概览,而不是查看具体的数据点或信息（如趋势线）,仍然可以通过视觉层次将图表结构化。按类别细分数据有助于减轻视觉冲击,同时保持可读性。有时,视觉层次可以用来反映研究数据的过程。例如,在研究阶段生成了大量的图表,可以使用几张图表展示全景,然后在其中标注细节,并使用其他图表展示对应的详细信息。这种方法可以引导用户一同分析数据。最重要的是,具有视觉层次的图表更易于理解,能够引导用户关注关键信息。

（2）允许数据点之间进行比较。允许数据点之间进行比较是数据可视化的核心目标。在传统表格中,只能逐个比较数据,而将数据呈现在视觉环境中,则使人们能够直观地了解一个数值与其他数值之间的关系以及所有数据点之间的相互关联。数据可视化的主要价值在于提供一种更直观、更全面的理解方式。如果无法满足这一基本需求,数据可视化也将失去其意义。在数据可视化中,比较性是关键的,它使我们能够得出结论,即使关于数值是否相等的结论也是如此。

（3）高亮显示重点内容。高亮显示在数据可视化中的作用是引导用户快速抓住关键信息,特别是在大量数据中。它不仅能够加深用户对已观察信息的印象,还能够突出需要关注的信息。为了引导用户的视觉焦点,可以采用明亮的颜色、加粗的边框和其他视觉元素,使特定数据点或区域在整体图表中脱颖而出。通过这种方式,用户能够迅速识别并专注于重要的数据。在设计可视化图表时,突出重点的元素可以采用明亮、大胆的颜色,加粗线条等方法,使其与其他部分产生明显对比。例如,在展示时序数据时,可以通过高亮显示关键年份来吸引用户的注意力,使其成为图表的焦点。图3.37所示为某球队数十年表现的直观对比和衡量指标的展示,同时特别突出了该球队表现最为卓越的年份。这种精心设计的可视化方法,不仅有助于跨越语言障碍,即使对于不太熟悉该球队的用户,也能迅速洞悉关键信息,从而大幅提升信息的传达效率与直观性。

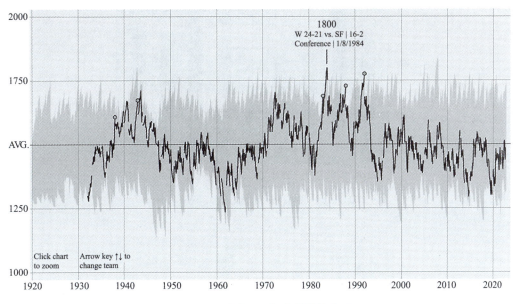

图 3.37 某球队十年内的整体表现

3.5.2 去除或淡化不必要的非数据元素

在数据可视化中,去除或淡化不必要的非数据元素可以提高信息传递效率,突出数据的重要性,简化图表设计,并节省空间和资源。因此,在数据可视化中,有一个重要的概念称为"数据墨水比"。数据墨水比强调了图表中的数据墨水量与总墨水量之间的比例,即

数据墨水比 = 图表中的数据墨水量/总墨水量

= 图表中用于数据信息显示的必要墨水比

= 1 − 可被去除而不损失数据信息的墨水比

对于一张图表而言,曲线、柱形、条形、扇区等用来显示数据量的元素对数据墨水比起至关重要的作用,而网格线、坐标轴、填充色等元素并不是必不可少的。因此,应最大化数据墨水比,去除或淡化不必要的非数据元素,强调重要的数据元素,以达到最佳的视觉可视化效果。例如,图 3.38 所示为包含九个数据点的柱状图,可以看出,该图的数据墨水比很差,包含网格线、背景色、方框线和坐标轴这些不必要的非数据信息。

可以对图 3.38 做一些改进,增大其数据墨水比,使其更有视觉层次。在图 3.39 中去掉了网格线,这样不仅不会对图所要表达的信息产生影响,而且看上去不再杂乱,更能突出数据。

将网格线去掉可使柱状图在视觉上更加突出,但图中的背景填充色没有任何意义。很多人第一次看到这个图时,都会自然地被吸引到浓重的背景色上。从数据墨水比的角度分析,背景色完全是非数据信息,没有显示任何有用的信息,反而更容易让读者分心。在图 3.40 中去掉了背景色,使数据更加突出,并且使柱状图更加简洁。

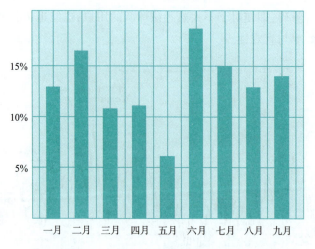

图 3.38　包含九个数据点的柱状图

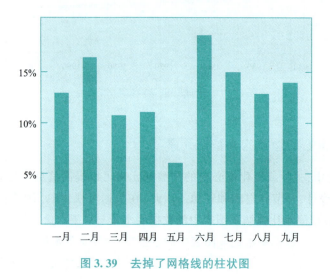

图 3.39　去掉了网格线的柱状图

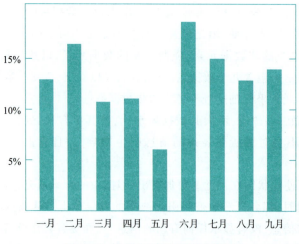

图 3.40　去掉了背景色的柱状图

看图和看一大段文字一样,常规顺序是从上到下、从左到右。如图 3.41 所示,将图中的方框线和坐标轴去掉,并降低墨水生成水平比例来描述数据,显然,描述性更强的水平线比坐标轴的效果好,能更明确地表达图中的数据信息。这样一步一步地化繁为简,去掉非数据信息,最终实现的柱状图虽然没有绚丽的外观,但最大限度地实现了数据信息的表达。

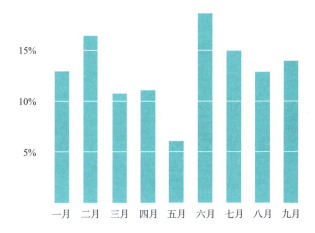

图 3.41　去掉了方框线、坐标轴,并减去墨水生成水平比例的柱状图

需要注意的是,在实际的可视化设计中,不要过分地追求数据墨水比,也要考虑到可视化作品的美感、具体的分析任务等方面。

3.5.3　选择交互能力强的视图

对于简单的数据,使用一个基本的可视化视图就可以展现数据的所有信息,而对于复杂的数据,需要使用较为复杂的可视化视图,甚至为此发明新的视图,以有效地展示数据中所包含的信息。一般而言,一个成功的可视化首先需要考虑的是被用户广泛认可并熟悉的视图设计。此外,可视化系统还必须提供一系列的交互手段,使得用户可以按照自己满意的方式改变视图的呈现形式。不管使用一个视图还是使用多个视图的可视化设计,每个视图都必须用简单而有效的方式(如通过标题标注)进行命名和归类。视图的交互主要包括以下几方面:

(1) 滚动与缩放。当数据无法在当前有限的分辨率下完整展示时,滚动与缩放是有效的交互方式。

(2) 颜色映射的控制。调色盘是可视化系统的基本配置,同样,允许用户修改或者制作新的调色盘也能增加可视化系统的易用性和灵活性。

(3) 数据映射方式的控制。在进行可视化设计时,设计者首先需要确定一个直观且易于理解的从数据到可视化的映射。但在实际使用过程中,用户仍有可能需要转换到另一种映射方式来观察他们感兴趣的其他特征。因此,完善的可视化系统在提供默认的数据映射方式的前提下,仍然需要保留用户对数据映射方式的控制交互。图 3.42 所示的可视化使用两种不同的数据映射方式展示了同一个数据集。

(4) 数据缩放和裁剪工具。在对数据进行可视化映射之前,用户通常会对数据进行缩放,并对可视化数据的范围进行必要的裁剪,从而控制最终可视化的内容。

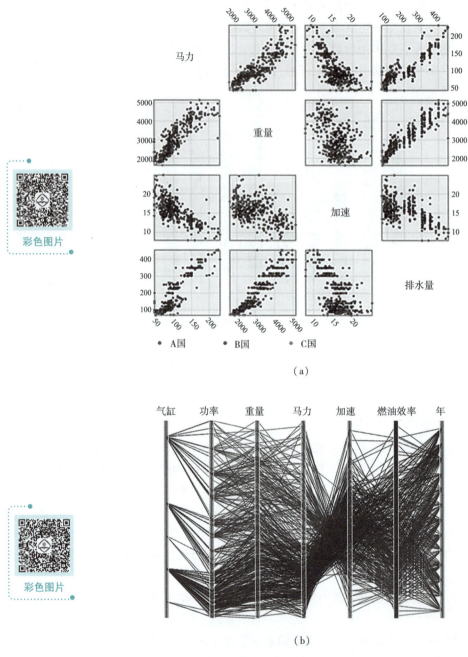

图 3.42 使用两种不同的数据映射方式展示了同一个数据的可视化

(5) LOD 控制。LOD(levels of detail,细节层次)控制有助于在不同的条件下隐藏或者突出数据的细节部分。

从总体上,设计者必须保证交互操作的直观性、易理解性和易记忆性。直接在可视化结果上进行操作比使用命令行更加方便、有效。例如,按住并移动鼠标可以很自然地映射为一个平移操作,而滚轮可以映射为一个缩放操作。

3.5.4 采用动画与过渡

信息可视化的结果主要以两种形式存在:可视化视图与可视化系统。前者通常是图像,是相关人员进行交流的载体形式,后者则创建了一个用户(包括设计者和一般用户)与数据进行交互的系统环境,使得用户可以根据自己的意图选择合适的可视化映射和可视化信息密度,并通过系统提供的交互方式生成最终的可视化视图或可视化视图序列。动画与过渡效果是可视化系统中常用的技术,通常用于增强可视化结果视图的丰富性与可理解性,或增加用户交互的反馈效果,使交互操作自然、连贯。此外,其还可以增强重点信息或者整体画面的表现力,吸引用户的关注力,以加深印象。例如,对于时变的科学数据,采用科学可视化方法逐帧绘制每个时刻的数据,可重现动态的物理或化学演化规律。在可视化系统中,动画与过渡效果的功能可概括如下:

(1) 用时间换取空间,在有限的屏幕空间中展示更多的数据。在时序数据的可视化中,数据值随时间变化。如果每一时刻仅包含一个维度,则该维度和时间维度可以组成一个二维空间,用类似于坐标轴的方式编码数据值,其中横轴代表时间的渐变。当数据包含多个维度时,需要通过多个视觉通道编码不同的维度信息。此时,如果采用动画的方式编码随着时间演进而产生的数据值变化,则可以在有限的视图空间展示更多的信息,同时也能确保任何单一时刻可视化结果对有限视图空间的充分利用。此外,即使采用静态的可视化编码时序数据也不是问题,因为动画效果能在一定程度上展示时序效果,并从一定程度上引起观察者的注意。图 3.43 所示为 GapMinder 软件可视化效果的动画序列的其中 1 帧,呈现了不同层次不同国家寿命范围和国内生产总值的关系。其中,不同颜色表示不同的区域。显然,如果在有限的视图空间展示这些数据,得到的可视化结果将显得非常拥挤,甚至产生大量的重叠。

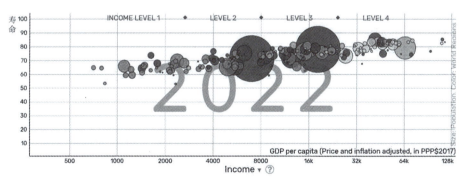

彩色图片

图 3.43 不同国家寿命范围和国内生产总值

(2) 辅助不同可视化视图之间的转换与跟踪,或者辅助不同可视化视觉通道的变换。如果数据包含的信息量多且是必需的,那么设计者通常会设计多个视图,用于展示数据的信息。用户在浏览可视化数据的过程中,需要在不同的视图之间进行切换,使用动画效果辅助视图切换过程有助于用户跟踪在不同可视化视图中出现的相同元素。此外,设计者希望在两个时刻采用同一个具有较强表现力的视觉通道,以强调不同的数据属性,且不同的数据属性之间互为上下文信息,此时如果采用动画切换技术,则可以减轻视图变换给用户带来的"冲击",

避免用户在转换的过程中迷失,方便用户跟踪数据的信息。图3.44所示为从柱状图过渡到圆环图的动画序列的几帧截图。通过动画过渡技术,用户可以容易地察觉到柱状图中的每个柱条与圆环图中的相应块之间的对应关系,并因此避免了两种可视化编码切换所带来的视觉"冲击"。

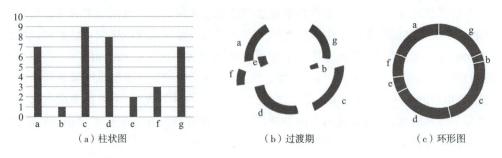

图 3.44　从柱状图过渡到圆环图的动画序列的几帧截图

(3)增加用户在可视化系统中交互的反馈效果。在可视化系统中,用户交互时总是期望获得系统的反馈。不管用户的交互所带来的系统计算量大还是小,实时的反馈效果都有助于用户获得对其所做操作的确认,以避免盲目地重复操作。例如,对于计算量非常大的操作,一个简单的进度条即可让用户获得确认。当用户移动鼠标经过散点图的某个点时,物体在很短的时间(如200 ms)内产生一个光晕动画,通常表示该物体能被点选或进行其他操作。

(4)引起观察者的注意。动画作为一种视觉通道,涵盖了运动方向、运动速度以及闪烁频率等因素,可用于突出重要的信息。然而,尽管动画具有引人注目的效果,设计者在可视化中使用动画时必须慎重考虑,应在吸引注意力的同时避免引发混淆。研究结果表明,虽然动画具有多种功能,但在可视化系统中过度使用动画可能对整体表达产生负面影响,甚至可能降低观察者获取信息的速度和精度。因此,在可视化设计中使用动画和过渡技术时需要谨慎。

用户主要分为两类:一类是数据的探索者,他们通常对数据情况不清楚,期望通过直接控制可视化系统进行交互,进行多维度分析以发现隐藏的信息;另一类是数据的展示者,他们已经熟悉数据,并且通常已对数据进行了处理,用户此时更多的是被动地接收信息。这两类用户对可视化系统的任务需求存在差异,前者需要更多的交互和分析工具,而后者更注重信息的呈现和表达观点。数据的探索者通常不希望动画干扰其对数据分析的过程,因此在可视化系统设计中需要平衡不同用户的需求。使用适当的动画可以增强用户的理解,如果使用不当,则会适得其反。巧用动画与过渡,需要做到以下几点:

①适量原则,即动画(尤其是自动播放的动画)不宜使用过多,避免陷入过度设计的危机中。

②统一原则,即相同动画语义统一,相同行为与动画保持一致,保持一致的用户体验。

③易理解原则,即简单的形变、适量的时长、易判断、易捕捉,避免增加观赏者的认知负担。

小　　结

在本章学习中,深入研究了数据可视化的关键概念和技术。首先,详细介绍了数据可视化的基本流程,强调将原始数据转化为可视化形式,并通过设计交互过程实现更直观的表达,提升用户体验。其次,深入探讨了视觉感知原理,解释了人们如何通过视觉感知器官获取可视信息,并通过大脑的分析与理解实现对数据的认知。引入了格式塔心理学理论,展示了在可视化设计中如何运用这一理论,以建立清晰的视觉层次结构,突出关键信息,使观众更容易理解和记忆。接着,介绍了视觉编码方法,以确保可视化结果既具有美感又符合用户需求,同时有助于提高可视化效果,使信息更有说服力。最后,详细介绍了几种基本可视化图表和可视化设计的方法,包括一些常见的图表类型和一些重要信息的可视化方法。这些方法的理解和运用有助于提高信息传达的效果。通过本章的学习,可以为实际应用数据可视化提供全面的理论基础和实用技能。

习　　题

一、选择题

1. 早期的数据可视化将原始数据转化为可视数据,主要流程包含数据分析、(　　)、数据映射和图像绘制。
   A. 数据清洗　　　　B. 数据过滤　　　　C. 数据规范　　　　D. 数据归类
2. 散点图通过(　　)坐标系中的一组点来展示变量之间的关系。
   A. 一维　　　　　　B. 二维　　　　　　C. 三维　　　　　　D. 多维
3. 以下(　　)不适合用于精确的数据比较。
   A. 柱状图　　　　　B. 饼图　　　　　　C. 折线图　　　　　D. 直方图

二、填空题

1. 可视分析流程图的起点是_____,终点是_____。
2. 人们理解视觉隐喻(不包括形状)的精确程度从最精确到最不精确的视觉隐喻排序清单为_____、_____、_____、_____、_____、_____、_____、_____。
3. 视图的交互主要包括以下几方面:_____、_____、_____、_____、_____。

三、简答题

1. 简述数据可视化基本流程中的核心要素。
2. 格式塔理论包括哪些原则?试分别概述这些原则。
3. 举例说明基本的数据可视化方法适用的应用场景。

第 4 章 可视化工具与软件

学习要点

（1）常用的非编程类与编程可视化工具。
（2）D3 的安装与使用。
（3）D3 的选择集与数据集。
（4）D3 的常用组件。
（5）D3 的应用实例。

知识目标

（1）了解常用的编程类和非编程类可视化工具。
（2）掌握 D3 的基本使用方法。
（3）掌握 D3 常用图形组件的编程实现方法。
（4）理解 D3 在可视化实例中的应用技术。

能力目标

（1）掌握 D3 的基本编程方法。
（2）掌握 D3 在可视化中的进阶应用。

本章导言

数据的可视化离不开可视化软件与工具的使用，本章将介绍常用的可视化软件与工具，并详细地介绍基于 D3 的可视化编程，从安装与使用、常用组件与图表、数据加载与更新等到更高级的事件与行为，用丰富的可视化实例与代码介绍可视化程序设计。

4.1 非编程类可视化工具

非编程类可视化工具操作简便，使用门槛低，不需要用户具备编程能力。但该类可视化工具在面对复杂、庞大的数据，需要提供新颖、灵活的可视化方法时，其数据展示能力的薄弱以及可编辑能力的不足将会成为数据可视化最大的障碍。现阶段主要的非编程类可视化工具主要包括 Excel、Tableau、OpenDX、Gephi 等。

1. Excel

Excel 作为人们经常使用的办公软件,是快速分析数据的理想工具,其还能创建供内部使用的数据图,但在颜色、线条和样式上选择的范围有限,这也意味着用 Excel 很难制作出符合专业出版物和网站需要的可视化作品。使用 Excel 只能实现基本的柱状图和折线图等基础可视化视图,而且自由扩展能力很差,样式也非常单一,一旦数据对可视化方式提出新的需求,则无能为力。其优点是门槛低,无须编程,使用者很容易上手。

大多数微软 Office 用户都知道,使用 Excel 制作标准图表非常简单,但是商业智能所面对的数据体量大、类型杂,若要将如此庞杂的数据信息呈现在一个图表中,并根据需求从不同的角度进行多维分析,Excel 标准图表就难以胜任。大数据时代对数据分析的更高要求推动了动态图表的诞生。所谓动态图表,简单来说,就是图表中显示的数据会根据特定选项的变化而变化。用户执行简单的操作,改变很少的几个参数,就能完成交互式分析,因而动态图表也称交互式图表。虽然 Excel 没有直接提供创建动态图表的功能,但是通过其提供的其他工具和功能,如函数、名称、VBA(Visual Basic for Applications,Visual Basic 宏语言)等,也可以在图表中动态显示数据信息。

虽然 Excel 能够满足基本的数据分析和可视化需求,但是若数据量过大,其处理性能会明显下降,此时就需要一个可以突破数据限制的处理工具。Power BI 是一个可以高效处理庞大数据的交互式数据可视化工具。其前身可以追溯到从 Excel 2010 版本开始提供的 Power Pivot 加载项,该加载项用于执行数据分析和创建复杂的数据模型,增强了 Excel 的数据分析能力。在后续的发展过程中,Excel 又陆续提供了数据获取和整理工具 Power Query、交互式图表工具 Power View 及地图可视化工具 Power Map。可以说,Power BI 整合了 Power Pivot、Power Query、Power View、Power Map 等一系列工具的功能,能把复杂的数据转化成最简洁的视图,让数据分析工作变得更加简单、快捷和灵活。结合 Excel 与 Power BI 工具,用户能够很方便地实现想要的可视化效果。

2. Tableau

相对于 Excel 而言,Tableau 是一款专业的商用数据分析软件,使用起来非常简单,通过数据的导入,结合数据操作,即可实现数据分析功能,并生成可视化的图表,把用户想要看到的、通过数据分析出来的信息直接展现出来。Tableau 是目前易于上手的报表分析工具之一,并且具备强大的统计分析扩展功能。Tableau 孵化于 2003 年斯坦福大学计算机图形学实验室的项目 Polaris,相比于其前身 Polaris,Tableau 在用户友好性、数据连接和整合能力、可视化选项、交互式仪表板和故事板,以及大数据处理能力等方面具有明显的优势,使用户能够更轻松、灵活和高效地进行数据分析和可视化。Tableau 能够根据用户的业务需求对报表进行迁移和开发,实现业务分析人员独立自主、简单快速、以界面拖动式的操作方式对业务数据进行联机分析处理、即时查询等功能。Tableau 包括个人计算机所安装的桌面端软件(Desktop)和企业内部数据共享的服务器端(Server)两种形式,通过 Desktop 与 Server 配合实现报表从制作到发布共享,再到自动维护的过程。

Tableau 软件很容易上手,而且可以实现更加炫酷的可视化图表。用户可以用它将大量数据拖放到数字"画布"上,转眼间就能创建好各种图表。界面上的数据越容易操控,用户对自己所在业务领域的工作情况就能了解得越透彻。

3. OpenDX

OpenDX 代表 Open Data Explorer,它是 IBM 公司(International Business Machines Corporation,国际商业机器公司)开发的一款面向科学数据和工程数据的开放可视化环境软件,现已开源。与大部分可视化平台不同的是,OpenDX 允许以工作流的方式实现可视化编程,用户可使用编辑器在界面上拖动组件,创建组件之间的连接,以实现数据的处理和通信。其主要组件如下:

(1)输入和输出组件:载入数据和保存数据为不同的格式。
(2)流程控制组件:创建循环和执行条件。
(3)实现组件:将数据映射到绘制可视化实体,如等值面、网格和流线。
(4)绘制组件:控制显示属性,如光照、相机位置和剪裁。
(5)变换组件:对数据做一些操作,如过滤、数学变换、排序等。
(6)交互组件:进行界面交互,如文本打开、菜单、按钮或者滑动条等。

4. Gephi

Gephi 是一个应用于各种网络、复杂系统和动态分层图的交互可视化与探索平台,支持 Windows、Linux 和 Mac OS 等各种操作系统,不仅免费、开源,而且可跨平台。Gephi 可用于探索性数据分析、链接分析、社交网络分析、生物网络分析等,其设计初衷是采用简洁的点和线描述与呈现丰富的世界。

Gephi 从各个方面对图以及大图的可视化进行了改造,并使用图形硬件加速绘制。Gephi 提供了各类代表性图布局方法,并允许用户进行布局设置。此外,Gephi 在图的分析中加入了时间轴以支持动态的网络分析,提供交互界面以支持用户实时过滤网络,从过滤结果建立新网络。Gephi 使用聚类和分层图的方法处理较大规模的图,通过加速探索编辑大型分层结构图来探究多层图(如社交社区和网络交通图),并利用数据属性和内置的聚类算法聚合图网络。Gephi 处理的图的规模上限约为 5 万个节点和 100 万条边,有关 Gephi 的更多资料,读者可自行查找。

4.2 编程类可视化工具

编程类可视化工具通常基于某种编程语言来实现,常用的有基于 JavaScript 的工具、基于 Python 及 R 语言的工具等。此类工具大多都是免费、开源的,从网上下载并安装相关的可视化组件即可使用。它们提供了完善的图形图表支持,用户可以直接进行代码调用,其代表产品有 Echart.js、icharts、Dygraphs、NodeBox、D3.js 等。下面简要介绍 R 语言、Echart.js 和 D3.js。

1. R 语言

R 语言是一种被广泛使用的统计分析软件,它基于 S 语言,是 S 语言的一种实现,可在多种平台上运行,如 UNIX(包括 FreeBSD 和 Linux)、Windows 和 Mac OS。

R 语言主要是以命令行操作的,有扩充版本自带图形用户界面。R 语言支持多种统计、数据分析和矩阵运算功能,比其他统计学或数学专用的编程语言有更强的面向对象(面向对象程序设计)功能,其分析速度可媲美专用于矩阵计算的自由软件 GNU Octave 和商业软件 MATLAB。

R 语言的另一个强项是可视化功能。ggplot2 是支持可视化的 R 语言扩展包,其理念如下:可视化是将数据空间映射到视觉空间的方法。ggplot2 的特点在于其并不定义具体的图形,而是定义各种底层组件(如线条、方块),允许用户以非常简洁的函数合成复杂的图形。

R 语言中另一个用于可视化的扩展包是 lattice。lattice 入门容易,可视化速度较快,图形函数种类多,且支持三维可视化。与 lattice 相比,ggplot2 的学习时间长,但实现方式简洁、优雅。此外,ggplot2 还可以通过底层组件创造新的图形。

2. Echarts. js

百度的 Echarts. js 是一个非常优秀的开源可视化工具,支持在绘制数据后再对图形图表进行操作。其中被称为 Drag-Recalculate 的特性使得用户可以在图表之间拖动一部分数据并得到实时反馈。此外,Echarts. js 是专为绘制大量数据而设计的,可以瞬间在二维平面上绘制出 20 万个点,还能用专为 Echarts. js 开发的轻量级 Canvas 库 ZRender. js 使数据"动起来"。总体来说,Echarts. js 具有以下优点:

(1)容易使用:其官方文档比较详细,而且官网上提供了大量的实例源码供用户使用,用户可以轻松地绘制如图 4.1 所示的柱状图等基础可视化图形,通过其内置的诸多参数可以方便地对可视化图形进行更改,如更改颜色、线条的粗细、阴影及透明度等。

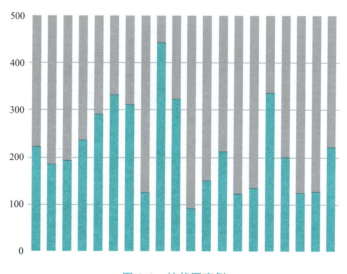

图 4.1 柱状图实例

(2)支持按需求打包:其官网上提供了在线构建的工具,用户在线构建项目时,可以选择项目所需要使用的模块,从而达到减小 JavaScript 文件体积的目的。

(3)开源:Echarts. js 完全免费、开源,拥有大量的用户基础,网上也有大量成熟的案例可供参考。

(4)支持地图功能:用户只需通过特定的语句引入百度地图 API,就可以在百度地图上自行进行可视化方法的开发,轻松完成特定轨迹、热力图的绘制等工作。

但 Echarts.js 也存在一些问题：

（1）体积较大：一个基础版本的 Echarts.js 为 400 KB 左右，相对于 D3.js 和 hightcharts.js 来说都是比较大的。

（2）可定制性较差：相对于 D3.js 来说，虽然 Echarts.js 的开发难度相对较小，但是其可定制性较差，一旦数据对用户的可视化方法提出新的要求，需要用户自行定制可视化展示方式。

3. D3.js

D3(data-driven documents，数据驱动文档)，是一个使用 Web 标准做数据可视化的 JavaScript 库，可以使用 SVG(scalable vector graphics，可缩放的矢量图形)、Canvas 和 HTML (hyper text markup language，超文本标记语言)技术让数据生动、有趣。D3 将强大的可视化、动态交互和数据驱动的 DOM(document object model，文档对象模型)操作方法完美结合，可以充分发挥现代浏览器的功能，让用户自由地设计正确的可视化视图。D3 拥有如下优点：

（1）结合 HTML、SVG、CSS(cascading style sheets，层叠样式表)等技术，D3 可以图形化地、生动地展现数据，它是目前十分流行的数据可视化库，在 GitHub 前端库排名第二(仅次于 bootstrap)。

（2）D3 比 Processing 这样的底层绘图库更简单，比 Echarts 封装的图表库更自由，可以完成更多复杂的可视化需求。如图 4.2 所示，使用 D3 可以轻松地将多种视图进行结合，如热力图、弦图和饼图等，用户可以高度自由地定制自己的可视化方法，以获得更好的数据展示效果。

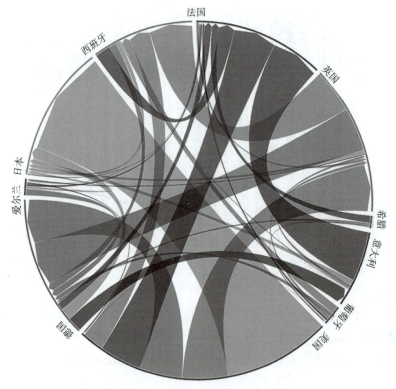

图 4.2　D3 可视化图形

(3) D3基于开源协议BSD-3-Clause3,可以免费用于商业项目。其源代码托管在GitHub上,有大量用户和丰富、友好的案例。

D3更加自由,可扩展性强,但是入门门槛较高,需要用户对JavaScript、HTML、CSS等前端编程技术有一定的了解,因此,它对于编程能力较弱的用户并不友好。本书主要面向大数据或人工智能相关专业,要求学生具备一定的编程能力。因此,本章后面的内容将以D3编程为主。

4.3 Web前端开发基础

随着技术的发展,由于无须安装部署、跨平台等特点,基于浏览器的数据可视化现在已逐渐成为数据可视化的主流实现方式。因此,本节将简单介绍Web前端开发基础内容,如HTML和CSS,主要针对没有前端基础的读者。HTML是用于描述网页内容的,CSS是用于定义网页样式的,它们相互独立却经常一起出现。然后,对前端编程语言JavaScript进行简单介绍,它是一种直译式脚本语言,用于实现动态网页。最后,介绍了DOM(文档对象模型)和SVG(可缩放矢量图形)。

4.3.1 HTML和CSS

1. HTML

HTML是用来描述网页的一种语言,它不是一种编程语言,而是一种标记语言(markup language)。标记语言是一套标记标签(markup tag),HTML使用标记标签来描述网页。代码样式如下:

```
<!DOCTYPE html>
<html>
    <head>
    </head>
    <body>
        <h1>
            我的第一个标题
        </h1>
        <p>
            我的第一个段落。
        </p>
        <p>
            我的第二个段落。
        </p>
    </body>
</html>
```

上面的代码中使用了<html>、<body>、<h1>、<p>等标签,都是用尖括号包围。标签有成对出现的,也有不成对出现的。对于成对出现的标签,前一个不带斜杠,叫作开始标签;后一个带斜杠,叫作结束标签。在上述例子中,<html>与</html>之间的文本描述网页，<body>与</body>之间的文本表示可见的页面内容，<h1>与</h1>之间的文本显示为标题，<p>与</p>之间的文本显示为段落。代码中首先出现的是<！DOCTYPE>，这是一个声明，不是 HTML 标签，其主要目的是告诉浏览器 HTML 的版本信息。在旧版的 HTML4.01 中写作：

```
<!DOCTYPE HTML PUBLIC "-//W3C//DTD HTML 4.01 Transitional//EN"
"http://www.w3.org/TR/html4/loose.dtd">
```

在 HTML5 版本中写作：

```
<!DOCTYPE html>
```

2. CSS

CSS 是一种用来表现 HTML 等文件样式的计算机语言。它作为一种定义样式结构(如字体、颜色、位置等)的语言，用于描述网页上的信息格式化和显示的方式。通常情况下可采用以下方法定义段落的字体、颜色等样式：

```
<p style="color:red;background-color:yellow; font-size:22px;">我的第一个段落。</p>
<p style="color:green;background-color:black; font-size:32px;">我的第二个段落。</p>
```

上述代码虽然达到了目的，但是十分冗长。对于更多的样式，如果按照上述方法定义，代码不灵活且不便阅读。

此时可在段落中定义 CSS 选择器解决上述问题。

```
.pstyle1 {
    color: red;
    background-color: yellow;
    font-size: 22px;
}.pstyle2 {
    color: green;
    background-color: black;
    font-size: 32px;
}
```

在<p>元素中应用选择器：

```
<p class="pstyle1">
    我的第一个段落。
</p>
<p class="pstyle2">
    我的第二个段落。
</p>
```

HTML 关联 CSS 有三种方法：

(1) 行内式：使用 style 属性在特定的 HTML 标记内设置 CSS 样式。建议不要使用内联

CSS,因为每个 HTML 标记都需要单独设置样式,如果只使用内联 CSS,管理网站可能会变得十分困难。

(2) 内嵌式:内嵌 CSS 样式就是把 CSS 代码放在特定页面的 < head > 中。内嵌 CSS 需要放在 < style > </style > 标签之间。类和 ID 可用于引用 CSS 代码,但它们仅在该特定页面上处于活动状态。每次页面加载时都会下载以这种方式嵌入的 CSS 样式,这样可以提高加载速度。

(3) 外联式:外联式就是使用 link 标签元素将外部 CSS 文件(.css 文件)引用到 HTML 页面中,引用需要放在页面的 < head > 中。这是将 CSS 添加到 HTML 页面中最方便的方法。

总的来说,HTML 代码用于定义文档的结构和内容,如显示什么文字、图片、表格等。CSS 代码用于定义 HTML 元素的样式,如字体大小、背景颜色、布局等。要使用 HTML 和 CSS 制作网页,最简单的方法是在记事本工具里编辑程序,新建一个扩展名为 .txt 的文件,然后将扩展名改为 .html,再用记事本程序打开后编写代码。编写并保存文件后,使用浏览器打开此文件,即可浏览效果。为了方便,一般使用功能更强大的编辑软件(如 Notepad++、Sublime Text)编写程序,这些编辑软件具有代码高亮功能,能加快开发速度。

4.3.2　JavaScript

JavaScript 是互联网上流行的一种轻量级的编程语言,可插入 HTML 页面,由浏览器执行。JavaScript 的语法并不复杂,与 C/C++、Java 比较相似。

在 HTML 文档中通过 < script > 标签使用 JavaScript。HTML 中的脚本必须位于 < script > 与 </script > 标签之间。脚本可被放置在 HTML 页面的 < body > 和 < head > 中。例如,如果在 HTML 中写 JavaScript 代码:

```
< script type = "text/javascript" >
    document.write("我的第一个 JavaScript");
</script >
```

document.write( ) 方法可将内容写到 HTML 文档中。属性 type 用于设置脚本语言的类型,除了 text/javascript 之外,还可设置为 text/ecmascript、text/vbscript 等脚本语言。但 JavaScript 已经成为现代浏览器及 HTML5 中默认的脚本语言,因此可不设置此值。如果忽略,则默认为 JavaScript 语言。例如:

```
< script >
    document.write("我的第一个 JavaScript");
</script >
```

将上述代码放置到 HTML 的 < body > 中:

```
<!DOCTYPE html >
< html >
    < head >
    </head >
    < body >
        < script >
```

```
        document.write("我的第一个 JavaScript");
    </script>
  </body>
</html>
```

上面例子中的 JavaScript 语句会在页面加载时执行。通常,需要在某个事件发生时执行代码,例如当用户单击按钮时。如果把 JavaScript 代码放入函数中,就可以在事件发生时调用该函数。通常把函数放入 <head> 中,或者放在页面底部。这样就不会干扰页面的内容。例如,把一个 JavaScript 函数放置到 HTML 页面的 <head> 部分。该函数会在单击按钮时被调用:

```
<!DOCTYPE html>
<html>
    <head>
        <script>
            function myFunction() {
                document.getElementById("demo").innerHTML = "我的第一个 JavaScript 函数";
            }
        </script>
    </head>
    <body>
        <h1>
            我的 Web 页面
        </h1>
        <p id="demo">
            一个段落
        </p>
        <button type="button" onclick="myFunction()">
            尝试一下
        </button>
    </body>
</html>
```

也可以把脚本保存到外部文件中。外部文件通常包含被多个网页使用的代码。外部 JavaScript 文件的文件扩展名是 .js。如果需要使用外部文件,需要在 <script> 标签的 src 属性中设置该 .js 文件:

```
<!DOCTYPE html>
<html>
    <body>
        <script src="myScript.js">
        </script>
    </body>
</html>
```

myScript.js 文件代码如下:

```
function myFunction() {
    document.getElementById("demo").innerHTML = "我的第一个 JavaScript 函数";
}
```

以上简单介绍了如何向 HTML 页面添加 JavaScript,以及使用函数让网站的动态性和交互性更强。对于其他高级用法,如验证表单、创建和使用对象,使用 JavaScript 的内置对象等内容不进行详述。

4.3.3 DOM

DOM 是 HTML 和 XML 文档的编程接口,它允许程序和脚本动态地访问和修改文档。其中,针对 HTML 的模型称为 HTML DOM。换言之,使用这套模型即可任意访问和修改 HTML 元素。当网页被加载时,浏览器会创建页面的文档对象模型。HTML DOM 定义了所有 HTML 元素的对象和属性,以及访问它们的方法。换言之,HTML DOM 是关于如何获取、修改、添加或删除 HTML 元素的标准。DOM 是以树状结构来描述 HTML 文档的,称为节点树。每个 HTML 元素都是树上的一个节点,节点之间的关系如图 4.3 所示。

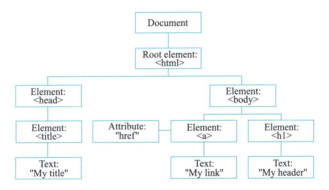

图 4.3　HTML DOM 树状结构

html 是 body 的父节点(parent),body 是 html 的子节点(child),body 是 head 的同胞节点(sibling)。

通过 JavaScript(以及其他编程语言)对 HTML DOM 进行访问。所有 HTML 元素被定义为对象,而编程接口则是对象方法和对象属性。其中,方法是能够执行的动作(如添加或修改元素),属性是能够获取或设置的值(如节点的名称或内容)。

一些常用的 HTML DOM 方法:

(1) getElementById(id):获取带有指定 id 的节点(元素)。

(2) appendChild(node):插入新的子节点(元素)。

(3) removeChild(node):删除子节点(元素)。

一些常用的 HTML DOM 属性:

(1) innerHTML:节点(元素)的文本值。

(2) parentNode:节点(元素)的父节点。

(3) childNodes:节点(元素)的子节点。

(4) attributes:节点(元素)的属性节点。

DOM 的文档对象保存在 document 中，调用其方法或属性，即可访问 HTML 文档中的任意元素。访问 HTML 元素等同于访问节点，能够以不同的方式访问 HTML 元素：

（1）getElementById( )。

（2）getElementsByTagName( )。

（3）getElementsByClassName( )。

HTML DOM 允许 JavaScript 对 HTML 事件做出反应：

（1）onload：页面或图片加载完成时。

（2）onclick：鼠标单击。

（3）ondblclick：鼠标双击。

（4）onkeydown：键盘某个按键按下。

（5）onkeypress：键盘某个按键按下并松开。

（6）onkeyup：键盘某个按键松开。

（7）onmousedown：鼠标按钮按下。

（8）onmousemove：鼠标移动。

（9）onmouseout：鼠标从某元素移开。

4.3.4 SVG

SVG（scalable vector graphics，可缩放矢量图形）用来定义用于网络的基于矢量的图形。SVG 使用 XML 格式定义图形，其图像在放大或改变尺寸的情况下其图形质量不会有所损失。SVG 是万维网联盟的标准，与诸如 DOM 和 XSL 之类的 W3C 标准是一个整体。

SVG 文件即可通过以下标签嵌入 HTML 文档：< embed >、< object > 或者 < iframe >，也可以直接在 HTML 嵌入 SVG 代码。SVG 有一些预定义的形状元素，可被开发者使用和操作：

（1）矩形：< rect >。

（2）圆形：< circle >。

（3）椭圆：< ellipse >。

（4）线：< line >。

（5）折线：< polyline >。

（6）多边形：< polygon >。

（7）路径：< path >。

下面使用 < rect > 标签来创建矩形：

```
< svg xmlns = "http://www.w3.org/2000/svg" version = "1.1" >
    < rect width = "300" height = "100"
    style = "fill:rgb(0,0,255);stroke - width:1;stroke:rgb(0,0,0)"/>
</svg >
```

其中，rect 元素的 width 和 height 属性可定义矩形的高度和宽度。style 属性用来定义 CSS 属性。CSS 的 fill 属性定义矩形的填充颜色（rgb 值、颜色名或者十六进制值）。CSS 的 stroke-width 属性定义矩形边框的宽度。CSS 的 stroke 属性定义矩形边框的颜色。

4.4 D3 可视化编程

本书选择 D3.js 作为可视化编程工具的范例进行详细介绍。D3.js 是一个 JavaScript 库,可以通过 Web 标准实现数据的可视化。D3 可以利用 HTML、SVG 展现数据,也可以数据驱动的方式操作 DOM。

4.4.1 安装与使用

工欲善其事,必先利其器。想要高效地编写代码,必须选择一款编程开发工具,本书选择 VS Code 作为可视化编程的开发工具。VS Code 是一款微软开发的轻量级开源编辑器,所有的功能都是以插件扩展的形式所存在,想用什么功能安装对应的扩展即可。VS Code 支持各大主流操作系统,如 Windows、Linux 和 Mac OS。

1. VS Code 安装

在官方网站下载较新版的 VS Code,如图 4.4 所示。单击 Download for Windows 即可开始下载。下载完成后,即可通过安装包开始安装,依次是同意协议、选择安装位置、选择"开始"菜单文件夹、选择附加任务、准备安装、正在安装以及安装完成。需要注意的是,在选择附加任务时,将其他选项中的四项全部选中,如图 4.5 所示。完成安装后,双击 VS Code 图标,即可打开界面。首次使用 VS Code 出现的界面如图 4.6 所示。至此,VS Code 的安装已全部完成。

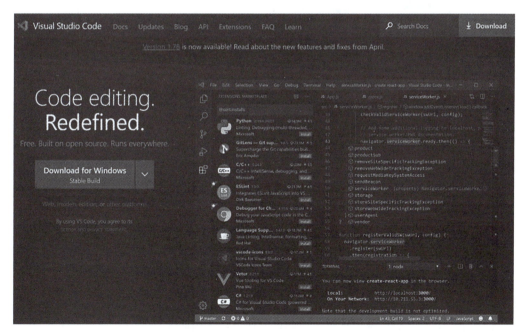

图 4.4 Visual Studio Code 下载页面

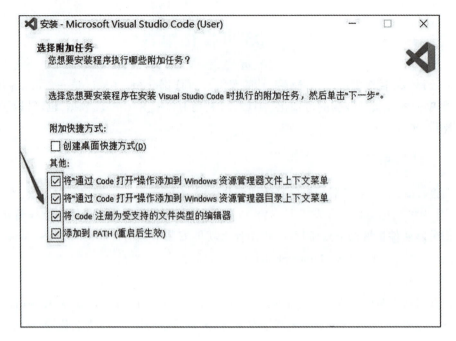

图 4.5　选择附加任务界面

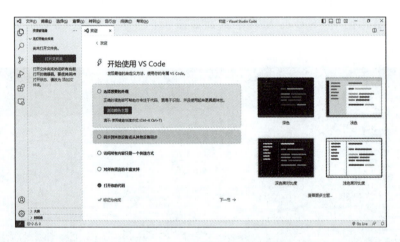

图 4.6　VS Code 首次使用界面

2. 安装 D3

新用户可以通过以下方法获取 D3。

(1) 从官方网站找到下载链接,选择名为 D3.zip 的文件下载。解压缩后在提取的文件夹中可以得到三个文件。

①D3.js:未压缩版本,开发项目为了调试方便可以使用此文件。

②D3.min.js:最小化版本,体积较小,浏览器读取速度快,发布时多使用此文件。

③LICENSE:许可文件。

在开发过程中,最好使用 D3.js,该版本可以帮助深入调试跟踪 JavaScript 代码。此后需要将 D3.js 和包含下列 HTML 代码的 index.html 文件放在同一个文件夹中。

```
<rect width="300" height="100"
<!--index.html-->
<!DOCTYPE html>
<html>
    <head>
        <meta charset=""utf-8"">
        <title>Simple D3 Dev Env</title>
        <script type=""text/javascript"" src=""d3.js""></script>
    </head>
        <body>
        </body>
</html>
```

(2) 可以直接通过网络引用文件。引用方式很简单，只需要像普通的 JavaScript 库一样用 script 标签引入即可。其代码如下：

```
<!DOCTYPE html>
<html>
    <head>
        <meta charset="utf-8">
        <!--从外部引入 D3 文件-->
        <script src="http://d3js.org/d3.v3.×××.js">
        </script>
    </head>
</html>
```

3. 入门实例

在使用 D3 绘图前首先用 HTML 输出字符串 Hello World！（HTML），然后使用 D3 将字符串修改为 Hello World！（D3）。操作步骤如下：

首先，新建一个文本文件，如图 4.7 所示。

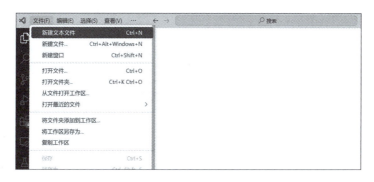

图 4.7　创建文件

在语言选项中，选择 HTML 文件，如图 4.8 所示。

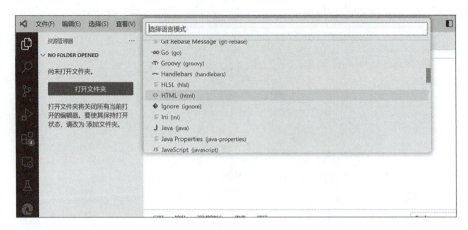

图 4.8　选择语言

在文件中输入以下代码,并保存在含有 D3 文件的文件夹中:

```
<html>
    <head>
        <meta charset = "utf - 8">
        <title>
            HelloWorld
        </title>
    </head>
    <body>
        <p>
            Hello World!(HTML)
        </p>
    </body>
</html>
```

保存后,打开扩展,下载 open in browser 扩展,如图 4.9 所示。

图 4.9　安装扩展

在文件中右击,选择在浏览器中打开,就可以得到 Hello World！（HTML）。

接下来使用 D3 修改字符串,在 <body> </body> 中加入代码,可以得到如图 4.10 所示结果。

```
<body>
```

```
<p>
    Hello World!(HTML)
</p>
<script src = "http://d3js.org/d3.v3.×××.js" charset = "utf-8">
</script>
<script>
    d3.select("body").selectAll("p").text("Hello world!(D3)");
</script>
</body>
```

> Hellow world!(D3)

图 4.10　Hello world

然后改变字符串颜色和大小：

```
<body>
    <p>
        Hello World!(HTML)
    </p>
    <script src = "http://d3js.org/d3.v3.×××.js" charset = "utf-8">
    </script>
    <script>
        var p = d3.select("body").selectAll("p").text("Hellow world!(D3)");
        p.style("color", "red");            //将文字颜色更改为红色
        p.style("font-size", "72px");       //将文字大小更改为 72 px
    </script>
</body>
```

完整代码如下：

```
<!DOCTYPE html>
<html>
    <head>
        <meta charset = "utf-8">
        <title>
            HelloWorld
        </title>
    </head>
    <body>
        <p>
            Hello World!(HTML)
        </p>
        <script src = "http://d3js.org/d3.v3.min.js" charset = "utf-8">
        </script>
        <script>
            var p = d3.select("body").selectAll("p").text("Hello world!(D3)");
            p.style("color", "red");
            p.style("font-size", "72px");
```

```
        </script>
    </body>
</html>
```

程序运行结果如图 4.11 所示。

将选择集赋值给变量 p，于是 p 就代表 <body> 中的所有 <p>。此后，在修改选择集的样式时，就可以直接用变量 p。

图 4.11　程序运行结果

4.4.2　选择集与数据

进行数据可视化的前提是进行数据的读取和选择合适的数据集。在数据可视化之前，需要对数据进行预处理和清洗，确保数据的质量和一致性。然后，根据研究目标和问题，选择合适的数据集进行分析和可视化。选择合适的数据集对于准确地回答研究问题和传达结果至关重要。这就涉及选择集的概念：选择集是数据的一个子集，它是从一个数据集或数据源中根据特定条件或规则筛选出的子集。选择集可以基于不同的条件进行筛选，以便进行进一步的分析、可视化或其他操作。

1. 选择集

使用 d3.select() 或 d3.selectAll() 选择元素后返回的对象，就是选择集。添加、删除、设置网页中的元素，都要使用选择集。D3 允许将数据和选择集绑定在一起，以凭借数据操作选择集。

D3 中，选择元素的函数有两个：select 和 selectAll。它们的区别如下：

（1）select：返回匹配选择器的第一个元素。

（2）selectAll：返回匹配选择器的所有元素。

例如：

```
d3.select("body");        //选择 body 元素
d3.selectAll("p");        //选择所有的 p 元素
```

查看选择集的状态，有三个函数可供使用。

```
selection.empty()    //如果选择集为空，则返回 true；如果不为空，返回 false
selection.node()     //返回第一个非空元素，如果选择集为空，返回 null
selection.size()     //返回选择集中的元素个数
```

设置或获取选择集属性的函数共有六个：

（1）selection.attr(name[,value])：设置或获取选择集的属性，name 是属性名称，value 是属性值。如果省略 value，则返回当前的属性值；如果不省略，则将属性 name 的值设置为 value。

（2）selection.classed(name[,value])：设置或获取选择集的 CSS 类，name 是类名，value 是一个布尔值。布尔值表示该类是否开启。

（3）selection.style(name[,value[,priority]])：设置或获取选择集的样式，name 是样式名，value 是样式值。

（4）selection.property(name[,value])：设置或获取选择集的属性，name 是属性名，value

是属性值。如果省略 value,则返回属性名。

(5) selection.text([value]):设置或获取选择集的文本内容,如果省略 value,则返回当前的文本内容。文本内容相于 DOM 的 innerText,不包括元素内部的标签。

(6) selection.text([value]):设置或获取选择集的文本内容,如果省略 value,则返回当前的文本内容。文本内容相当于 DOM 的 innerText,不包括元素内部的标签。

对于选择集,可以添加、插入和删除元素。相关函数介绍如下:

(1) selection.append(name):在选择集的末尾添加一个元素,name 为元素名称。

(2) selection.insert(name[,before]):在选择集中的指定元素之前插入一个元素,name 是被插入的元素名称,before 是 CSS 选择器名称。

(3) selection.remove():删除选择集中的元素。

下面的代码,包含了以上三个函数的用法:

```html
<!DOCTYPE html>
<html lang="en">
<head>
    <meta charset="UTF-8">
    <meta name="viewport" content="width=device-width, initial-scale=1.0">
    <title>测试</title>
    <script src="d3.js"></script>
</head>
<body>
    <!-- body 中的三个段落元素 -->
    <p>
        Car
    </p>
    <p id="plane">
        Plane
    </p>
    <p>
        Ship
    </p>
    <!-- Javascript 代码块 -->
    <script>
        //选择 body 元素
        var body = d3.select("body");
        body.append("p").text("Train")
        //在 body 中 id 为 plane 的元素前添加个 p 元素,内容为 Bike
        body.insert("p", "#plane").text("Bike");
        //选择 id 为 plane 的元素
        var plane = d3.select("#plane") //删除 id 为 plane 的元素
        plane.remove();
    </script>
</body>
<html>
```

</html> 这段代码的结果是在网页上显示四个段落,文字和排列次序分别为 Car、Bike、Ship、Train。

首先，使用 append() 给 body 的末尾添加了一个 p 元素，内容为 Train，这时页面中有四个段落元素，按次序排列分别为 Car、Plane、Ship、Train。

然后，调用 insert() 在 Plane 前插入了一个 p 元素，内容为 Bike，这时页面中有五个段落元素，按次序排列分别为 Car、Bike、Plane、Ship、Train。

最后，调用 remove() 将 Plane 删除，故最终结果为 Car、Bike、Ship、Train。

将数据绑定到 DOM 上，是 D3 最大的特色。d3.select 和 d3.selectAll 返回元素的选择集，选择集上是没有数据的。数据绑定，就是使被选择的元素里"含有"数据。相关函数有两个：

(1) selection.datum([value])：选择集中的每一个元素都绑定相同的数据 value。

(2) selection.data([values[,key]])：选择集中的每一个元素分别绑定数组 values 的每一项。key 是一个键函数，用于指定绑定数组时的对应规则。

datum() 绑定数据的方法很简单，如下代码中，使用 datum() 将数值 1 绑定到选择集上，然后在控制台输出该选择集。datum() 的工作过程即对于选择集中的每一个元素，都为其增加一个 data 属性，属性值为 datum(value) 的参数 value。此处的 value 并非一定是 number(数值)型，也可以是 string(字符串)、boolean(布尔型) 和 object(对象)，无论是什么类型，其工作过程都是给 data 赋值。如果使用 undefined 和 null 作为参数，则将不会创建 data 属性。

```html
<body>
    <!--三个段落元素-->
    <p>
        Fire
    </p>
    <p>
        Water
    </p>
    <p>
        Wind
    </p>
    <script>
        //选择body中所有的p元素，选择集结果赋值给变量p
        var p = d3.select("body").selectAll("p");
        //绑定数值1到选择集上
        p.datum(1);
        //在控制台输出选择集
        console.log(p);
    </script>
</body>
```

data() 能将数组各项分别绑定到选择集的各元素上，并且能指定绑定的规则。当数组长度元素数量不一致时，data() 也能够处理。当数组长度大于元素数量时，为多余数据预留元素位置以便将来插入新元素；当数组长度小于元素数量时，能获取多余元素的位置，以便将来删除。

假设 body 中有三个段落元素 p，使用 data() 绑定数据的代码如下：

```html
<body>
    <p>
        duanluo1
```

```
        </p>
        <p>
            duanluo2
        </p>
        <p>
            duanluo3
        </p>
        <script>
        //定义数组
        var dataset = [1,2,3];        //选择body中的p元素
        var p=d3.select("body").selectAll("p");    //绑定数据到选择集
        var update=p.data(dataset);        //输出绑定的结果
        console.log(update);
        </script>
</body>
```

上述代码使用data()将第一个p元素绑定1,第二个p元素绑定2,第三个p元素绑定3,这种情况就需要使用data()。如果是datum(),则会将数组本身绑定到各元素上,即第一个p元素绑定[1,2,3],第二个p元素绑定[1,2,3],第三个p元素也是绑定[1,2,3]。

默认情况下,data()是按索引号顺序绑定的,第0个元素绑定数组第0项,第1个元素绑定数组第1项,依此类推。也可以不按此顺序进行,这就要用到data()的第二个参数。此参数是个函数,称为键函数(Key Function)。

2. 选择、插入、删除元素

①选择元素。假设在body中有三个段落元素:

```
<p>Sun</p>
<p>Moon</p>
<p>You</p>
```

现在,要分别完成以下四种选择元素的任务。

- 选择第一个元素:

```
d3.select("body").select("p").style("color","red");
```

- 选择所有元素:

```
d3.select("body").selectAll("p").style("color","red");
```

- 选择第二个元素:方法很多,一种比较简单的是给第二个元素添加一个id号。例如:

```
<p id="moon">Moon</p>
d3.select("#moon").style("color","red");
```

- 选择后两个元素。给后两个元素添加class:

```
<p class="myclass">Moon</p>
<p class="myclass">You</p>
```

由于需要选择多个元素,要用 selectAll:

```
d3.selectAll(".myclass").style("color","red");
```

②插入元素。插入元素涉及的函数有两个:
- append( ):在选择集末尾插入元素。
- insert( ):在选择集前面插入元素。

假设有三个段落元素,与上文相同:

```
d3.select("body").append("p").text("Star");
d3.select("body").insert("p","#moon").text("Star");
```

③删除元素。删除一个元素时,对于选择的元素,使用 remove 即可。例如:

```
d3.select("#moon").remove();
```

3. 绘制柱形图

柱形图(bar chart)是使用柱形的长短来表示数据变化的图表,也是最简单的图表之一。一般情况下,柱形图包括矩形、坐标轴和文字。

首先定义一个数组:

```
var dataset = [30,78,90,210,105,98,150,177];
```

上面定义了一个数组 dataset,数组的长度就是矩形的数目,数组项的大小表示矩形的高度,单位为像素(px)。例如,30 表示在网页中矩形的高度是 30 个像素。定义一块 SVG 的绘制区域:

```
var width = 500;                    //svg 绘制区域的宽度
var height = 500;                   //svg 绘制区域的高度
var svg = d3.select("body")         //选择 <body>
    .append("svg")                  //在 <body> 中添加 <svg>
    .attr("width", width)           //设置 <svg> 的宽度属性
    .attr("height", height);        //设置 <svg> 的高度属性定义三个变量
    //定义上下左右的边距
    var padding = {top: 20, right: 20, bottom: 20, left: 20};
    //矩形所占的宽度(包括空白),单位为像素
    var rectStep = 35;
    //矩形所占的宽度不包括空白),单位为像素
    var rectWidth = 30;
```

之后,在 <svg> 中添加 <rect> 元素。此时,<svg> 中没有任何元素,只有数据 dataset。可用 selectAll( ) 选择一个空集,然后再用 enter( ).append( ) 添加元素,最终使得 <rect> 元素的数量与数据的数量一致。

```
var rect = svg.selectAll("rect")
    .data (dataset)                 //绑定数据
    .enter()                        //获取 enter 部分
```

```
    .append("rect")                  //添加 rect 元素,使其与绑定数组的长度一致
    .attr("fill", "steelblue")       //设置颜色为 steelblue
    .attr("x", function(d, i){       //设置矩形的 x 坐标
        return padding.left + i* rectStep
    })
    .attr("y", function (d) {        //设置矩形的 y 坐标
    return height - padding.bottom - d;
    })
    .attr("width", rectwidth)        //设置矩形的宽度
    .attr ("height" ,function(d){    //设置矩形的高度
    return d;
    });
```

接下来为矩形添加标签文字:

```
//添加文字部分
var text = svg.selectAll('text')
    .data(dataset)                   //绑定数据
    .enter()                         //获取 enter 部分
    .append('text')                  //添加 text 元素,使其与绑定数组的长度一致
    .attr('fill', 'white')
    .attr('font-size', '14px')
    .attr('text-anchor', 'middle')
    .attr('x', function(d,i) {
    return padding.left + i * rectStep + rectWidth / 2;
})
    .attr('y', function(d) {
    return height - padding.bottom - d + 20;   //调整 dy 以使文本位于矩形上方
})
    .text(function(d) {
    return d;
});
```

矩形的绘制结果如图 4.12 所示。

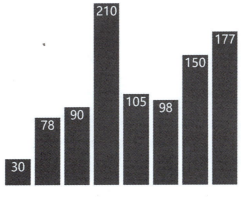

图 4.12　D3 绘制矩形

4.4.3 常用组件

1. 比例尺

在 4.4.2 节曾经提到过用像素来表示数值的大小,但这不是一种好方法,可以应用比例尺来解决该问题。D3 中比例尺有很多种,这里简单介绍两种:线性比例尺与序数比例尺。

(1)线性比例尺:能将一个连续的区间映射到另一个区间。要解决柱形图宽度的问题,就需要线性比例尺。假设有以下数组:

```
var dataset = [1.2, 2.3, 0.9, 1.5, 3.3];
```

现有要求将 dataset 中最小的值,映射成 0;将最大的值,映射成 300。代码如下:

```
var min = d3.min(dataset);
var max = d3.max(dataset);
var linear = d3.scale.linear()
    .domain([min, max])
    .range([0, 300]);
linear(0.9);      //返回 0
linear(2.3);      //返回 175
linear(3.3);      //返回 300
```

其中,d3.scale.linear() 返回一个线性比例尺。domain() 和 range() 分别设置比例尺的定义域和值域。这里还用到了两个函数,经常与比例尺一起出现:

```
d3.max()
d3.min()
```

这两个函数能够求数组的最大值和最小值,是 D3 提供的。按照以上代码:

① 比例尺的定义域 domain 为[0.9, 3.3]。
② 比例尺的值域 range 为[0, 300]。

因此,当输入 0.9 时,返回 0;当输入 3.3 时,返回 300。当输入 2.3 时,返回 175,这是按照线性函数的规则计算的。注意:d3.scale.linear() 是可以当作函数来使用的,才有这样的用法 linear(0.9)。

(2)序数比例尺:有时候,定义域和值域不一定是连续的。例如,有两个数组:

```
var index = [0, 1, 2, 3, 4];
var color = ["red", "blue", "green", "yellow", "black"];
```

我们希望 0 对应颜色 red,1 对应 blue,依此类推。但是,这些值都是离散的,线性比例尺不适合,需要用到序数比例尺。例如:

```
var ordinal = d3.scale.ordinal()
    .domain(index)
    .range(color);
ordinal(0);       //返回 red
```

```
ordinal(2);        //返回 green
ordinal(4);        //返回 black
```

用法与线性比例尺是类似的。可以在之前的基础上修改一下数组,再定义一个序数比例尺。例如:

```
var datest = [30, 78, 90, 210, 105, 98, 150, 177];
var linear = d3.scale.linear()
    .domain([0, d3.max(dataset)])
    .range([0, 250]);
var rectHeight = 25;           //每个矩形所占的像素高度(包括空白)
svg.selectAll("rect")
    .data(dataset)
    .enter()
    .append("rect")
    .attr("x", 20)
    .attr("y", function(d, i) {
        return i * rectHeight;
    })
    .attr("width", function(d) {
        return linear(d);       //在这里用比例尺
    })
    .attr("height", rectHeight - 2)
    .attr("fill", "steelblue");
```

2. 坐标轴

坐标轴是可视化图表中经常出现的一种图形,由一系列线段和刻度组成。坐标轴在 SVG 中是没有现成的图形元素的,需要用其他的元素组合构成。D3 提供了坐标轴的组件,如此在 SVG 画布中绘制坐标轴变得像添加一个普通元素一样简单。

上面提到了比例尺的概念,要生成坐标轴,需要用到比例尺,二者经常一起使用。下面在数据和比例尺的基础上,添加一个坐标轴的组件:

```
//数据
var dataset = [2.5, 2.1, 1.7, 1.3, 0.9];
// 创建 SVG 元素
var svg = d3.select("body").append("svg").attr("width", 300).attr("height", 150);
//定义比例尺
var linear = d3.scaleLinear()
    .domain([0, d3.max(dataset)])
    .range([0, 250]);
var axis = d3.axisBottom(linear)        //坐标轴组件
    .ticks(7);       //指定刻度的数量
```

定义了坐标轴之后,只需要在 SVG 中添加一个分组元素,再将坐标轴的其他元素添加到组中即可。代码如下:

```
svg.append("g").call(axis);
```

默认的坐标轴样式不太美观,下面提供一个常见的样式:

```
<style>
    .axis path,
    .axis line {
        fill: none;
        stroke: black;
        shape-rendering: crispEdges;
    }
    .axis text {
        font-family: sans-serif;
        font-size: 11px;
    }
</style>
```

其中,分别定义了类 axis 下的 path、line、text 元素的样式。接下来,只需要将坐标轴的类设置为 axis 即可。坐标轴的位置,可以通过 transform 属性来设置。通常在添加元素时就一并设置,写成如下形式:

```
svg.append("g")
    .attr("class", "axis")
    .attr("transform", "translate(20,130)")
    .call(axis);
```

3. 绘制散点图

为了熟练掌握比例尺和坐标轴的使用,本节再制作一种简单图表。散点图(scatter chart)通常是一横一竖两个坐标轴,数据是一组二维坐标,分别对应两个坐标轴,与坐标轴对应的地方打上点(圆)。由概念容易猜到,需要的元素包括 circle(圆)和 axis(坐标轴)。

(1) 定义画布与坐标轴:

```
//设置画布宽度
var width = 400;
//画布高度
var height = 400;
//设置画布
var svg = d3.select("body")
    .append("svg")
    .attr("width", width)
    .attr("height", height);
```

(2) 定义点集:

```
//定义点集
var dataset = [
    [0.5, 0.5],
    [0.7, 0.8],
    [0.4, 0.9],
    [0.11, 0.32],
```

```
    [0.88, 0.25],
    [0.75, 0.12],
    [0.5, 0.1],
    [0.2, 0.3],
    [0.4, 0.1]
];
```

(3) 定义比例尺：

```
//x 轴比例尺
var xScale = d3.scaleLinear()
    .domain([0, 1.2 * d3.max(dataset, function(d) {
return d[0];
})])
    .range([0, width - 50]);
//y 轴比例尺
var yScale = d3.scaleLinear()
    .domain([0, 1.2 * d3.max(dataset, function(d) {
return d[1];
})])
    .range([height - 20, 0]);                //设置画布的垂直高度
// 绘制 x 轴
var xAxis = d3.axisBottom(xScale)
    .ticks(10)
    .tickFormat(d3.format(".1f"));           //设置刻度格式
svg.append("g")
    .attr("transform", "translate(0," + (height - 20) + ")")
    .call(xAxis);
// 绘制 y 轴
var yAxis = d3.axisLeft(yScale)
    .ticks(10)
    .tickFormat(d3.format(".1f"));           //设置刻度格式
svg.append("g")
    .attr("transform", "translate(25,0)")    //将 x 轴位置向右移动 50
    .call(yAxis);
```

(4) 圆点的绘制：

```
//外边框
var padding = {
    top: 20,
    right: 20,
    bottom: 20,
    left: 50
};
//绘制圆
var circle = svg.selectAll("circle")
    .data(dataset)
    .enter()
    .append("circle")
```

```
    .attr("cx", function(d) {
return xScale(d[0]);
})
    .attr("cy", function(d) {
return yScale(d[1]);
})
    .attr("r", 6)
    .attr("fill", "black");
```

绘制的散点图如图 4.13 所示。

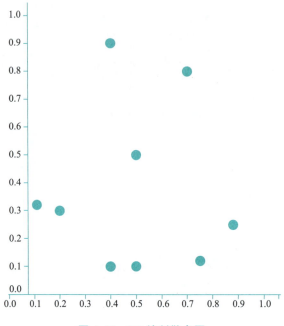

图 4.13　D3 绘制散点图

4.4.4　路径生成

　　D3 本身没有作图的功能,只能计算出作图所需的数据。因此,实际作图是需要指定一个画板的,这个画板就是 SVG(可缩放矢量图形)。SVG 的图形元素包括矩形 < rect >、圆形 < circle >、线段 < line >、路径 < path > 等,其中路径是最强大的,可以表示其他所有图形。但是,路径元素 < path > 的路径值比较复杂,如果手动计算需要花费很多时间。为此,D3 提供了数量众多的路径生成器,以完成这一复杂工作。

1. 线段生成器

　　在绘制直线时,对于较少数据,可以选择手动输入路径,但如果有成百上千个点,手动输入极不方便。因此,D3 中引入了路径生成器(path generator)的概念,能够自动根据数据生成路径。用于生成线段的程序,叫作线段生成器(line generator)。线段生成器由 d3.sline() 创建,先看一个简单例子:

```
//定义画布
var width = 400;
var height = 400;
var svg = d3.select("body")
    .append("svg")
    .attr("width", width)
    .attr("height", height);
//线段的点数据,每一项是一个点的 x 和 y 坐标
var lines = [[80,80],[200,100],[200,200],[100,200]];
//创建一个线段生成器
var linePath = d3.line();
//添加路径
svg.append("path")
    .attr("d", linePath(lines))        //使用了线段生成器
    .attr("stroke", "black")
    .attr("stroke-width", "3px")
    .attr("fill", "none");
```

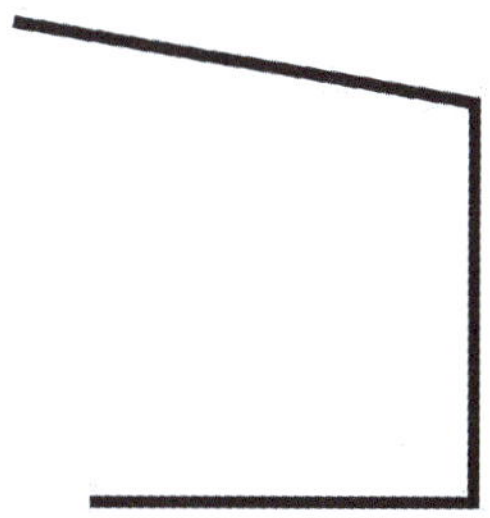

线段的数据有四个点,保存在变量 lines 中。线段生成器保存在变量 linePath 中,如此 linePath 可当作函数使用:linePath(lines)根据数据 lines 生成路径。结果是一段折线,如图 4.14 所示。

下面介绍一下线段生成器的方法:

(1) d3.svg.line():创建一个线段生成器。

(2) line(data):使用线段生成器绘制 data 数据。

(3) line.x([x]):设置或获取线段 x 坐标的访问器,即使用什么数据作为线段的 x 坐标。

图 4.14 线段生成器

(4) line.y([y]):设置或获取 y 坐标的访问器。

(5) line.interpolate([interpolate]):设置或获取线段的插值模式,共有 13 种。

(6) line.tension([tension]):设置或获取张力系数,当插值模式为 cardinal、cardinal-open、cardinal-closed 时有效。

(7) line.defined([defined]):设置或获取一个访问器,用于确认线段是否存在,只有判定为存在的数据才被绘制。

2. 区域生成器

区域生成器(area generator)用于生成一块区域,使用方法与线段生成器类似。数据访问器有 x()、x0()、x1()、y()、y0()、y1()六个,数量很多,但不需要全部使用。例如:

```
var dataset = [80, 120, 130, 70, 60, 90];
//创建一个区域生成器
var areaPath = d3.area()
    .x(function(d, i) {
        return 50 + i * 80;
    })
    .y0(function(d, i) {
        return height / 2;
    })
```

```
      .y1(function(d, i) {
          return height / 2 - d;
      });
//添加路径
svg.append("path")
    .attr("d", areaPath(dataset))
    .attr("stroke", "black")
    .attr("stroke-width", "3px")
    .attr("fill", "lightblue");
```

上述代码定义了一个数组 dataset 和一个区域生成器 areaPath。此区域生成器定制了三个访问器 x()、y0()、y1()。将 areaPath 当作函数使用，areaPath(dataset) 返回的字符串直接作为 <path> 元素的 d 的值使用，结果如图 4.15 所示。

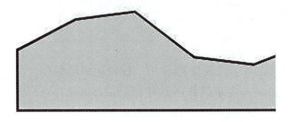

图 4.15　区域生成器

3. 弧生成器

弧生成器（arc generator）可凭借起始角度、终止角度、内半径、外半径等，生成弧线的路径，因此在制作饼状图、弦图等图表时很常用。

有四个访问器需要谨记：内半径访问器 innerRadius()、外半径访问器 outerRadius()、起始角度访问器 startAngle()、终止角度访问器 endAngle()。各参数的意义如图 4.16 所示。

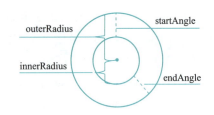

图 4.16　弧生成器中参数

startAngle 和 endAngle 的单位是弧度，即 0° 要用 0，180° 要用 π。0° 的位置在"时钟零点"处，终止角度是按照顺时针旋转的。outerRadius 表示外弧半径，innerRadius 表示内弧半径，内弧之内的部分不属于弧的一部分。

```
var dataset = {
    startAngle: 0,
    endAngle: Math.PI * 0.75
};
var svg = d3.select("body")
    .append("svg")
    .attr("width", 500)
    .attr("height", 500);
//创建一个弧生成器
var arcPath = d3.arc()
    .innerRadius(50)
```

```
        .outerRadius(100);
//添加路径
svg.append("path")
    .attr("d", arcPath(dataset))
    .attr("transform", "translate(250,250)")
    .attr("stroke", "black")
    .attr("stroke-width", "3px")
    .style("fill", "blue");
```

dataset 是一个对象,成员变量有两个:startAngle 和 endAngle。然后,创建一个弧生成器 arcPath,设置其内半径和外半径的访问器,分别为常量 50 和 100。没有设置 startAngle 和 endAngle 的访问器,默认使用目标对象中名称为 startAngle 和 endAngle 的变量。最后,添加一个路径元素,将弧生成器计算所得的路径作为属性 d 的值,结果如图 4.17 所示。

图 4.17 弧生成器

4. 符号生成器

符号生成器(symbol generator)能够生成三角形、十字架、菱形、圆形等符号,相关方法介绍如下:

(1) d3.svg.symbol():创建一个符号生成器。

(2) symbol(datum[,index]):返回指定数据 datum 的路径字符串。

(3) symbol.type([type]):设置或获取符号的类型。

(4) symbol.size([size]):设置或获取符号的大小,单位是像素的平方。例如,设置为 100,则是一个宽度为 10,高度也为 10 的符号,默认是 64。

(5) d3.svg.symbolTypes:支持的符号类型。

5. 弦生成器

弦生成器(chord generator)根据两段弧来绘制弦,共有五个访问器,分别为 source( )、target( )、radius( )、startAngle( )、endAngle( ),默认都返回与函数名称相同的变量。绘制一段弧其数据组成为:

```
var width = 600;
var height = 400;
var svg = d3.select("body")
.append("svg")
.attr("width", width)
.attr("height", height)
var dataList = {
    source: {
        startAngle: 0.2,
        endAngle: Math.PI * 0.3,
        radius: 100
    },
    target: {
        startAngle: Math.PI * 1.0,
        endAngle: Math.PI * 1.6,
```

```
        radius: 100
    }
};
```

其中，source 为起始弧，target 为终止弧，而 startAngle、endAngle、radius 则分别是弧的起始角度、终止角度和半径。

下面绘制一段弦，使用上面的数据。先定义一个弦生成器，访问器全部使用默认的，然后在 SVG 中添加路径，再以数据作为生成器的参数返回路径字符串。代码如下：

```
//创建一个弦生成器
var chord = d3.svg.chord();
//添加路径
svg.append("path")
    .attr("d", chord(dataList))
    .attr("transform", "translate(200, 200)")
    .attr("fill", "#fff")
    .attr("stroke", "#000")
    .attr("stroke-width", 3)
```

程序运行结果如图 4.18 所示。

6. 对角线生成器

弦生成器用于将两段弧连接起来，对角线生成器 (diagonal generator) 用于将两个点连接起来，连接线是三次贝塞尔曲线。该生成器使用 d3.svg.diagonal() 创建，有 source() 和 target() 两个访问器，还有一个投影函数 projection()，用于将坐标进行投影。现有如下数据：

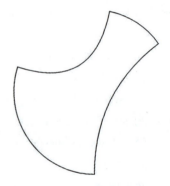

图 4.18 弦生成器

```
var dataset = {
        source: {
    x: 100,
    y: 100
        },
        target: {
    x: 300,
    y: 200
        }
};
```

source 是起点，target 是终点，其中包含的是 x 坐标和 y 坐标。下面要将这两个点用三次贝塞尔曲线连接起来。先定义一个对角线生成器，访问器都使用默认的；然后添加 <path> 元素，再使用生成器得到所需要的对角线路径。代码如下：

```
// 创建一个 SVG 元素
var width = 600;
var height = 400;
var svg = d3.select("body")
```

```
        .append("svg")
        .attr("width", width)
        .attr("height", height)
//创建一个对角线生成器
var diagonal = d3.svg.diagonal();
//添加路径
svg.append("path")
    .attr("d", diagonal(dataset))
    .attr("fill", "none")
    .attr("stroke", "black")
    .attr("stroke-width", 3);
```

程序运行结果如图 4.19 所示。

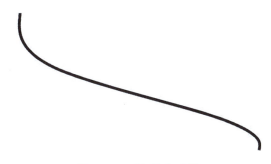

图 4.19 对角线生成器

7. 折线图绘制

柱形图、散点图、折线图是最简单的三种图表。本节使用路径生成器绘制一个折线图 (line chart)。GDP 是经济的重要指标，将历年的 GDP 用折线图表现出来是常用的手段。以 A 国和 B 国的 GDP 为例，有如下数据：

```
v var dataset = [{
    country: "A",
    gdp: [
        [2000, 12113.32],
        [2001, 13394.01],
        [2002, 14705.58],
        [2003, 16602.81],
        [2004, 19553.47],
        [2005, 22859.61],
        [2006, 27521.19],
        [2007, 35503.28],
        [2008, 45943.37],
        [2009, 51016.91],
        [2010, 60871.92],
        [2011, 75515.46],
        [2012, 85321.85],
        [2013, 95704.71],
        [2014, 104756.25],
        [2015, 110615.73],
```

```
            [2016, 112333.14],
            [2017, 123104.91],
            [2018, 138949.08],
            [2019, 142799.69],
            [2020, 146877.44],
            [2021, 178204.60],
            [2022, 179631.71]
        ]
    }, {
        country: "B",
        gdp: [
            [2000, 49683.59],
            [2001, 43747.12],
            [2002, 41828.46],
            [2003, 45195.62],
            [2004, 48931.16],
            [2005, 48314.67],
            [2006, 46016.63],
            [2007, 45797.51],
            [2008, 51066.79],
            [2009, 52894.93],
            [2010, 57590.72],
            [2011, 62331.47],
            [2012, 62723.63],
            [2013, 52123.28],
            [2014, 48969.94],
            [2015, 44449.31],
            [2016, 50036.78],
            [2017, 49308.37],
            [2018, 50408.81],
            [2019, 51179.94],
            [2020, 50555.87],
            [2021, 50346.21],
            [2022, 42564.11]
        ]
    }];
```

下面明确绘制区域与 GDP 的最大值：

```
// 创建一个 SVG 元素
var width = 600;
var height = 400;
var svg = d3.select("body")
    .append("svg")
    .attr("width", width)
    .attr("height", height)
//外边框
var padding ={
    top:50,
    right:50,
```

```
        bottom: 50,
        left: 50
};
//计算 GDP 的最大值
var gdpmax = 0;
for (var i = 0; i < dataset.length; i + +) {
    var currGdp = d3.max(dataset[i].gdp, function(d) {
        return d[1];
    });
    if (currGdp > gdpmax)
        gdpmax = currGdp;
}
//padding 是到 SVG 画板上下左右各边界的距离,单位为像素。gdp 的最大值保存在 gdpmax 变量中。
//接下来凭借 padding 和 gdpmax 定义比例尺的定义域和值域
var xScale = d3.scale.linear()
    .domain([2000, 2024])
    .range([0, width - padding.left - padding.right]);
var yScale = d3.scale.linear()
    .domain([0, gdpmax * 1.1])
    .range([height - padding.bottom - padding.top, 0]);
```

根据数据定义一个线段生成器:

```
//创建一个直线生成器
var linePath = d3.svg.line()
    .x(function(d) {
        return xScale(d[0]);
    })
    .y(function(d) {
        return yScale(d[1]);
    });
```

该直线生成器的访问器 x 为 xScale(d[0]),y 为 yScale(d[1])。接下来要传入的数据是 gdp 数组,如 d 为[2014,48969.94]这样的值;那么 d[0]就是年份,d[1]是 GDP 值。对这两个值都使用比例尺变换,则输入的数据会自动按照比例尺伸缩后再生成直线路径。

定义两个 RGB 颜色,分别用于两条折线着色。然后,添加与数组 dataset 长度相同数量的 <path> 元素,并设置为线段生成器计算的路径。代码如下:

```
//定义两个颜色
var colors = [d3.rgb(0, 0, 255), d3.rgb(0, 255, 0)];
//添加路径
svg.selectAll("path")                    //选择 <svg> 中所有的 <path>
    .data(dataset)                       //绑定数据
    .enter()                             //选择 enter 部分
    .append("path")                      //添加足够数量的 <path> 元素
    .attr("transform", "translate(" + padding.left + "," + padding.top + ")")
    .attr("d", function(d) {
        return linePath(d.gdp);          //返回线段生成器得到的路径
    })
```

```
.attr("fill", "none").attr("stroke-width", 3)
.attr("stroke", function(d, i) {
    return colors[i];
});
```

下面添加坐标轴：

```
//x 轴
var xAxis = d3.svg.axis()
    .scale(xScale).ticks(5)
    .tickFormat(d3.format("d"))
    .orient("bottom");
//y 轴
var yAxis = d3.svg.axis()
    .scale(yScale)
    .orient("left");
//添加一个 g 用于放 x 轴
svg.append("g")
    .attr("class", "axis")
    .attr("transform", "translate(" + padding.left + "," + (height - padding.top) + ")")
    .call(xAxis);
//添加一个 <g> 元素用于放 y 轴
svg.append("g")
    .attr("class", "axis")
    .attr("transform", "translate(" + padding.left + "," + padding.top + ")")
    .call(yAxis);
```

结果如图 4.20 所示。

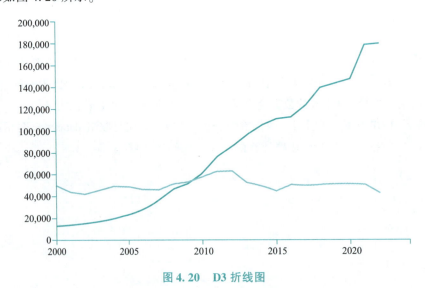

图 4.20　D3 折线图

为了更好地观察数据的变化趋势，可以使图像变得更平滑，这里使用插值 basis 模式进行处理，处理之后的图像如图 4.21 所示。

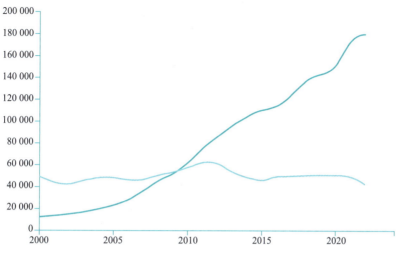

图 4.21　处理后的图像

4.4.5　D3 数据可视化实例

前文介绍了 D3 可视化的基本思路和方法，下面简单介绍几个常用可视化图表的 D3 实现方法。在使用 D3 进行可视化时，可以借助大量的开源 D3 实例，以节省编程开发时间。

1. 饼状图

饼状图常用于统计学模型。有 2D 与 3D 饼状图，2D 饼状图为圆形。饼状图显示一个数据系列中各项的大小与各项总和的比例。下面使用 D3 绘制饼状图。代码如下：

```
//创建画布
var svg = d3.select("body")
    .append("svg")
    .attr("width", 400)
    .attr("height", 400)
var dataset = [23, 43, 65, 52, 37]
var pie = d3.layout.pie()
//进行数据转换
var piedata = pie(dataset)
//绘制图像
var outerRadius = 100
var innerRadius = 0
var arc = d3.svg.arc()          //弧生成器,arc 可做函数用
    .innerRadius(innerRadius)
    .outerRadius(outerRadius)
//添加分组
var width = 400
var color = d3.scale.category20();
var arcs = svg.selectAll("g")
    .data(piedata)
    .enter()
    .append("g")
```

```
        .attr("transform", "translate(" + (width / 2) + "," + (width / 2) + ")")
        //为每个 g 添加 path
        arcs.append("path")
            .attr("fill", function(d, i){
                return color(i)
            })
            .attr("d", function(d){
                return arc(d)
            })
        //因为 arcs 同时选择了 5 个 <g> 元素的选择集,所以调用 append("path") 后,
        //每个 <g> 中都有 <path>
        //添加文本
arcs.append("text")
        .attr("transform", function(d) {
            return "translate(" + arc.centroid(d) + ")"
        })
        .attr("text-anchor", "middle")
        .text(function(d){
            return d.data
        })
```

程序运行结果如图 4.22 所示。

2. 力引导图

力引导图可以看作展示关系的分组气泡图,通过气泡的颜色和大小展示不同的变量,通过连线展示关系,通常也可以用颜色区分数据种类。下面通过具体的实例进行说明,代码如下:

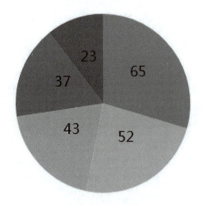

图 4.22　D3 饼状图

```
//创建画布
var width = 600;
var height = 400;
var svg = d3.select("body")
        .append("svg")
        .attr("width", width)
        .attr("height", height)
//数据
var nodes = [{
        name:"桂林"
    }, {
        name:"广州"
    }, {
        name:"厦门"
    }, {
        name:"杭州"
    }, {
        name:"上海"
    }, {
        name:"青岛"
    }, {
```

```
        name:"天津"
    }];
    var edges = [{
        source: 0,
        target: 1
    }, {
        source: 0,
        target: 2
    }, {
        source: 0,
        target: 3
    }, {
        source: 1,
        target: 4
    }, {
        source: 1,
        target: 5
    }, {
        source: 1,
        target: 6
    }];

    //数据转换
    var force = d3.layout.force()
        .nodes(nodes)            //指定节点数组
        .links(edges)            //指定连线数组
        .size([400,400])         //指定作用域范围
        .linkDistance(150)       //指定连线长度
        .charge([-400]);         //相互之间的作用力
    force.start();               //开始作用
    //添加连线
    var svg_edges = svg.selectAll("line")
        .data(edges)
        .enter()
        .append("line")
        .style("stroke", "#ccc")
        .style("stroke-width", 1);
    var color = d3.scale.category20();
    //添加节点
    var svg_nodes = svg.selectAll("circle")
        .data(nodes)
        .enter()
        .append("circle")
        .attr("r", 20)
        .style("fill", function(d, i){
            return color(i);
        })
        .call(force.drag);       //使得节点能够拖动
    //添加描述节点的文字
    var svg_texts = svg.selectAll("text")
```

```
        .data(nodes)
        .enter()
        .append("text")
        .style("fill", "black")
        .attr("dx", 20)
        .attr("dy", 8)
        .text(function(d){
            return d.name;
        });
force.on("tick", function(){        //对于每一个时间间隔
//更新连线坐标
svg_edges.attr("x1", function(d){
    return d.source.x;
})
        .attr("y1", function(d){
            return d.source.y;
        })
        .attr("x2", function(d){
            return d.target.x;
        })
        .attr("y2", function(d){
            return d.target.y;
        });
    //更新节点坐标
    svg_nodes.attr("cx", function(d){
        return d.x;
    })
        .attr("cy", function(d){
            return d.y;
        });
    //更新文字坐标
    svg_texts.attr("x", function(d){
        return d.x;
    })
        .attr("y", function(d){
            return d.y;
        });
});
```

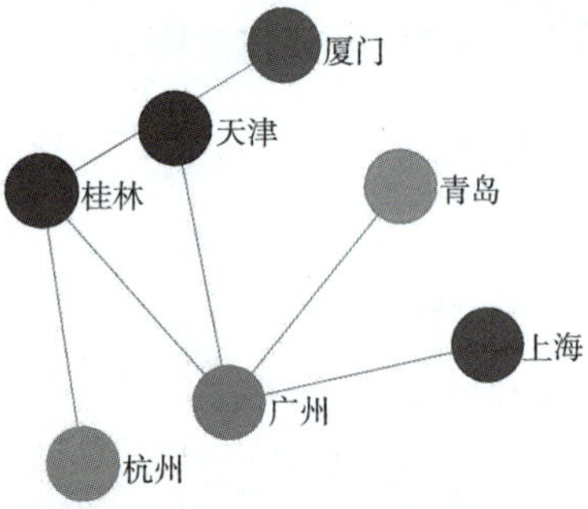

图 4.23　D3 力引导图

程序运行结果如图 4.23 所示。

3. 弦图

弦图主要用于展示多个对象之间的关系,连接圆上任意两点的线段叫作弦,弦(两点之间的连线)代表着两者之间的关联关系,且非常适合表达数据间复杂的关联关系。下面通过实例进行说明,代码如下:

```
//创建画布
width = 600
height = 600
var svg = d3.select("body")
```

```
        .append("svg")
        .attr("width", width)
        .attr("hight", height)
//数据
var city_name = ["北京","上海","广州","深圳","香港"];
var population = [
    [1000, 3045, 4567, 1234, 3714],
    [3214, 2000, 2060, 124, 3234],
    [8761, 6545, 3000, 8045, 647],
    [3211, 1067, 3214, 4000, 1006],
    [2146, 1034, 6745, 4764, 5000]
];
//数据变换
var chord_layout = d3.layout.chord()
    .padding(0.03)                   //节点之间的间隔
    .sortSubgroups(d3.descending)    //排序
    .matrix(population);             //输入矩阵
var groups = chord_layout.groups();
var chords = chord_layout.chords();
var innerRadius = width / 2 * 0.7;
var outerRadius = innerRadius * 1.1;
var color20 = d3.scale.category20();
var svg = d3.select("body").append("svg")
    .attr("width", width)
    .attr("height", height)
    .append("g")
    .attr("transform", "translate(" + width / 2 + "," + height / 2 + ")");
var width = 600;
var height = 600;
var innerRadius = width / 2 * 0.7;
var outerRadius = innerRadius * 1.1;
var color20 = d3.scale.category20();
var svg = d3.select("body").append("svg")
    .attr("width", width)
    .attr("height", height)
    .append("g")
    .attr("transform", "translate(" + width / 2 + "," + height / 2 + ")");
//绘制节点
var outer_arc = d3.svg.arc()
    .innerRadius(innerRadius)
    .outerRadius(outerRadius);
var g_outer = svg.append("g");
g_outer.selectAll("path")
    .data(groups)
    .enter()
    .append("path")
    .style("fill", function(d){
        return color20(d.index);
    })
    .style("stroke", function(d){
```

```javascript
                return color20(d.index);
            })
            .attr("d", outer_arc);
    g_outer.selectAll("text")
        .data(groups)
        .enter()
        .append("text")
        .each(function(d, i){
            d.angle = (d.startAngle + d.endAngle) / 2;
            d.name = city_name[i];
        })
        .attr("dy", ".35em")
        .attr("transform", function(d) {
            return "rotate(" + (d.angle * 180 / Math.PI) + ")" +
                "translate(0," + -1.0 * (outerRadius + 10) + ")" +
                ((d.angle > Math.PI * 3 / 4 && d.angle < Math.PI * 5 / 4) ? "rotate(180)" : "");
        })
        .text(function(d){
            return d.name;
        });
    //绘制弦
    var inner_chord = d3.svg.chord()
        .radius(innerRadius);
    svg.append("g")
        .attr("class", "chord")
        .selectAll("path")
        .data(chords)
        .enter()
        .append("path")
        .attr("d", inner_chord)
        .style("fill", function(d){
            return color20(d.source.index);
        })
        .style("opacity", 1)
        .on("mouseover", function(d, i){
            d3.select(this)
                .style("fill", "yellow");
        })
        .on("mouseout", function(d, i){
            d3.select(this)
                .transition()
                .duration(1000)
                .style("fill", color20(d.source.index));
        });
```

程序运行结果如图 4.24 所示。

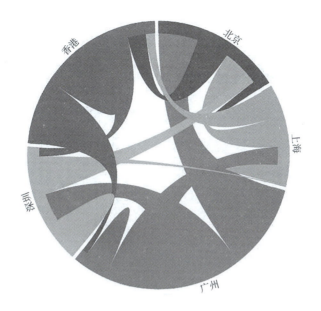

图 4.24 D3 弦图

小 结

本章首先介绍了目前常见的可视化工具,其中包括编程类可视化工具和非编程类可视化工具,用户可以根据日常学习、工作中的需要选择对应的工具实现可视化效果。对于编程类可视化工具,本章主要介绍了 D3.js 的安装与使用,并结合具体的实例引导读者学习。通过学习本章,读者能对可视化工具与软件的使用有所了解,并能初步掌握 D3 可视化编程。

习 题

一、选择题

1. 下列选项中,不属于编程类可视化工具的是( )。
   A. R 语言　　　　B. D3.js　　　　C. Echarts.js　　　　D. Excel
2. 一款开源的、面向科学数据和工程数据的开放可视化环境软件是( )。
   A. Gephi　　　　B. Tableau　　　　C. OpenDX　　　　D. D3.js
3. 使用 D3 进行可视化编程时,selectALL 的作用是( )。
   A. 进行数据初始化　　　　　　　　B. 初始化 D3 实例
   C. 返回匹配选择器的第一个元素　　D. 返回匹配选择器的所有元素

二、简答题

1. 简述可视化工具的种类与名称。
2. 同样是编程类可视化工具,试比较 Echarts.js 和 D3.js 的优缺点。
3. 写出线性比例尺和序数比例尺的主要区别,并给出关键代码。
4. 搜集北京、上海、广州、深圳、杭州、成都、天津、重庆、武汉等城市的历年 GDP 数据,用不同的形式实现对数据的可视化展示。

第 5 章 可视化方法

🏛 学习要点

(1) 可视化方法的基本类型。
(2) 各类图表所展示的数据关系。
(3) 可视化图表的使用方法。
(4) 能够根据要求选择合适的可视化方法。

💡 知识目标

(1) 掌握可视化方法的基本类型。
(2) 掌握可视化图表的功能。

📐 能力目标

(1) 熟练使用各种可视化方法。
(2) 正确应用可视化方法。

📥 本章导言

在用数据展示想要传递的信息时,好的可视化方法可以起到事半功倍的作用。如果不知道自己想要了解什么、传达什么,那么数据不过是文字和数字的堆砌,没有任何实际的用处与意义。可视化的优点就是能够帮助人们更容易地理解数据背后所蕴含的意义,了解数据背后更深层次的问题。当用数据展示想要表达的内容时,可视化方法的选择显得尤为重要。本章基于数据之间的关系对可视化方法进行分类,介绍可视化方法的基本类型,结合丰富的可视化应用实例,使读者能够掌握各种可视化方法的特点,进而能够根据需求选择合适的可视化方法。

5.1 时变数据可视化

时间被视为一个至关重要的维度和属性。随着时间的推移,数据可能呈现出时变性,即具有时间属性的数据。时变型数据的处理方法与顺序型数据有相似之处。从宏观角度来看,时变型数据主要分为数值型、有序型和类别型三类。在这些类型中,有序型数据的任意两个值之间都存在某种顺序关系,而数值型数据可以视为具有具体数值的有序型数据。在科学、工程、社会和经济领域,不断产生大量有序型数据,这些数据记录了不同时间点的信息。

分析和理解时变型数据通常可以通过采用统计学、数值计算和数据分析的方法来完成。时变型数据的可视化设计涉及三个关键维度,即表达、比例尺和布局。表达维度决定了如何将时间信息映射到二维平面上,可选的映射方式包括线性、径向、表格、螺旋形、随机等,这一维度决定了时间数据在可视化结果中的呈现形式。比例尺维度确定了以何种比例将时变型数据映射到可视化中,例如使用线性比例尺或对数比例尺。最后,布局维度决定了如何有序地排列时变型数据。通过综合运用这三个维度上的不同方法,可以获得各种不同形式的时变型数据可视化结果。

时变型数据的可视化方法可分为两类:一类方法采用静态方式展示数据中记录的内容,其不随时间变化,但可采用多视角、数据比较等方法体现数据随时间变化的趋势和规律;另一类则采用动画手法,以动态方式呈现随时间变化的感觉和过程,这种方法具有更多的表现空间,能够生动展示时间序列的演变。然而,本章主要着重介绍静态方法,即通过固定的可视化图表来呈现变形数据,而非采用动画的方式。

5.1.1 时间属性的可视化

如果将时间属性或顺序性当成时间轴变量,那么每个数据实例是轴上某个变量值对应的单个事件。对时间属性的刻画有三种方式:线性时间和周期时间、时间点和时间间隔,以及顺序时间、分支时间和多角度时间。

1. 线性和周期时间可视化

线性时间假定一个出发点并定义从过去到将来数据元素的线性时域。许多自然界的过程具有循环规律,如季节的循环。为了表示这样的现象,可以采用循环的时间域。在一个严格的循环时间域中,不同点之间的顺序相对于一个周期是毫无意义的,例如,冬天在夏天之前来临,但冬天之后也有夏天。对于线性时间,常用的表达维度是线性映射方式;而对于周期时间,通常采用径向和螺旋形的映射方式,以更好地反映出数据的周期性特征。图 5.1 选用时间轴的方式可视化了地铁线相对路径挑选与时间的关联。图中标记的 WW18、XX5、YY5 等代表不同的地铁站点线路的名称代码。从一个站点出发,用户能够依据地铁线网络挑选随意一个站点下车,水平轴上的长短代表了整趟旅程所花费的时间。

螺旋图沿阿基米德螺旋线画上基于时间的数据,图表从螺旋形的中心点开始向外发展。螺旋图十分多变,可以使用条形、线条或数据点。沿着螺旋路径显示螺旋图能大幅节省空间,可用于显示大时间段数据的变化趋势,并且能够直观地表达数据的周期性。图 5.2 所示为全球气候变化的趋势,使用螺旋图展示了每年的温度相对于一个基数的变化。颜色从蓝色到红色渐变,蓝色表示温度低于基数,红色表示温度高于基数。图表显示,随着时间的推移,全球气温逐渐升高,同时每年仍存在周期性的温度波动。这种可视化方法直观地揭示了气温上升的长期趋势以及异常气候事件的频繁发生,反映了全球变暖的影响。

有关时序性的文本内容可以采用主题河流可视化方法。主题河流是一种展现文本集合中主题演化的经典可视化方法。这种方法使用河流作为可视元素来编码文档集合中的主题

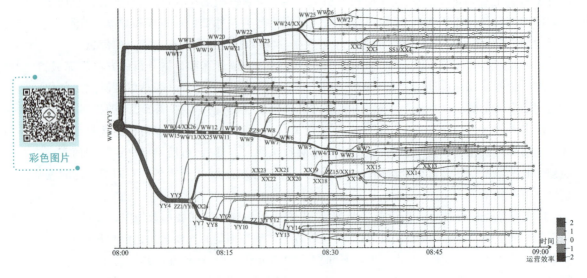

图 5.1　地铁线相对路径挑选与时间关联的线性可视化

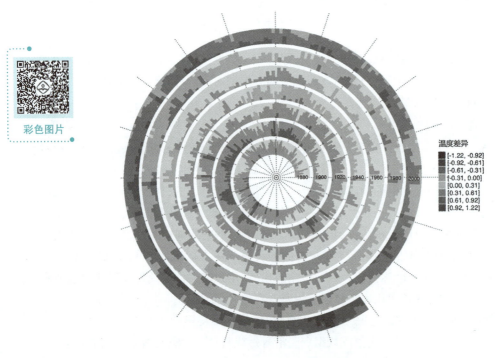

图 5.2　全球气候变化

信息,将主题隐喻为时间上不断延伸的河流。主题河流提供了宏观的主题演化结果,帮助用户观察主题的生成、变化和消失。通过这种可视化方法,用户能够更直观地理解文本数据中主题的时序演变,为分析主题随时间的变化趋势提供了有力的支持。图 5.3 所示为 2020 年第二季度各型号手机新品在微博上的讨论量变化,通过主题河流图的形式,直观地反映了各型号手机在不同时间段的讨论热度。图中不同颜色的区域代表不同手机型号,可以看到在特定日期如 4 月 23 日和 5 月 14 日出现了讨论量的高峰,反映出可能的新机发布或促销活动。这种可视化方式有助于分析市场动态和品牌竞争态势,了解消费者的关注点。

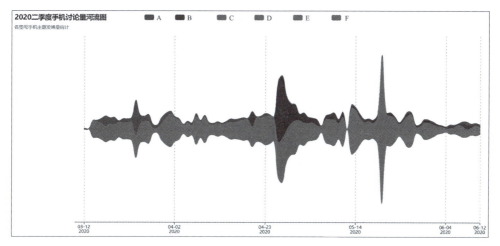

图 5.3　2020 年第二季度各型号手机在微博上的讨论量变化

2. 时间点和时间间隔

离散时间点将时间抽象为可与离散的空间欧拉点相对等的概念,单个时间点本身不包含持续的时间概念。相反,间隔时间表示小规模的线性时间域,例如几天、几个月或几年。在这种情况下,数据元素被定义为一个持续段,由两个时间点分隔。这里时间点和时间间隔都称为时间基元。

日历也可以作为一种可视化工具,用于展示不同时间段以及活动事件的组织情况。时间段通常以不同的单位显示,如日、周、月和年。日历图的两种主要可视化形式是以年为单位的日历图和以月为单位的日历图。日历图的数据结构通常包括 Date 和 Value,其中 Date 为日期也就是时间点,Value 反映当前时间点的值,通过 Date 在日历上展示,并用颜色进行映射。目前最常用的日历形式是公历,其中每个月的月历由 7 个垂直列组成,代表每周 7 天。图 5.4 所示为以年为单位的日历图,展示的是 2020 年某人微信步数情况,不同颜色代表不同的步数区间,通过这种可视化方式,可以直观地了解一年中步数的变化和分布情况,帮助分析用户的活动规律和健康状态。

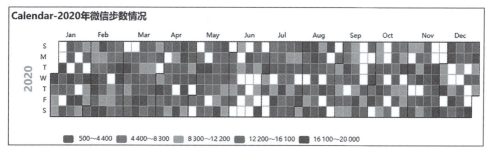

图 5.4　某人 2020 年微信步数日历图

3. 顺序时间、分支时间和多角度时间可视化

顺序时间域考虑按照时间先后发生的事件。在这种时间域下,关注事件的发展顺序。与此不同的是,分支时间则涉及多个时间分支的展开,有助于描述和比较在特定情境下的选择性方案,如项目规划。这种类型的时间支持制定只有一个选择发生的决策过程。多角度时间则允许描述对于被观察事实的多个观点。在表达维度上,线性映射方式是描述多角度时间中最常用的方法,有助于呈现不同观点的时间发展。

(1) 线性多角度时间可视化。为了呈现一个完整的事件过程或社会行为,可采用类似于甘特图(用条形图表进度的可视化标志方法)的方式,使用多个条形图线程表现事件的不同属性随时间变化的过程,线条的颜色和厚度都可以编码不同的变量。观察者既可以交互地点击某个线程获取详细的细节,也可以直观地得到按时间排列的事件的概括。图 5.5 所示为可视化系统 LiveGantt,在原始的甘特图上增加了多种不同的交互支持用户对大规模事件数据进行分析。图 5.5 左一图展示了原始的甘特图,大量的数据无序地按照时间数据排布在可视化中,显得非常混乱;左二图展示了经过排序后的甘特图,可以清晰地看出一些事件;右二图是对重新排序后的事件进行聚合,将发生事件相近的同类事件聚合在一起,使得可视化更加整齐;右一图是当用户聚焦到某一时刻时,仅显示当前时刻事件,便于用户进行分析。

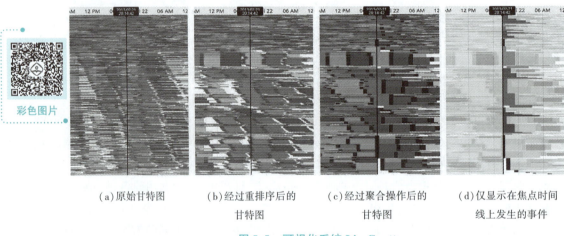

(a) 原始甘特图　　(b) 经过重排序后的甘特图　　(c) 经过聚合操作后的甘特图　　(d) 仅显示在焦点时间线上发生的事件

图 5.5　可视化系统 LiveGantt

(2) 流状分支时间主线可视化。基于河流的可视隐喻可展现时序型事件随时间产生流动、合并、分叉和消失的效果,这种效果类似于小说和电影中的叙事主线。例如,复杂的人际关系的动态可视化,传统方法将人物关系用社会网络图表示,再用动画回放图的变化。更符合人类感知和认知的方法是采用静态的流状分支时间线可视化方法,在二维平面上展现这个动态过程。

5.1.2　多变量时变形数据可视化

多变量时变型数据在实际应用中是常见的数据集。由于涉及多个变量,可视化需要同时考虑数据的属性和数据集的顺序性,结合数据分析方法来展现和挖掘顺序型数据的规律。在面对大尺度数据时,首要任务是对数据进行抽象和重构,以描绘复杂有序数据集的内在特征,

生成紧凑的概述图像,以便进行索引和搜索,并允许用户在交互分析过程中添加其他细节。这个流程可以归纳为三类基本方法:数据抽象、数据聚类和特征分析。

数据抽象指通过数据降维、特征选取和数据简化等方法,构建增强关键特征而抑制不相关细节的表达,从而获得有序数据流的时间相关或无关的内在量或隐含的特征模式。数据聚类是将数据集划分为多个具有某种相似性的子集的操作。特征分析包括特征抽取、语义分析等操作,有助于深入理解数据的含义。这些方法共同为多变量时变形数据的有效可视化和分析提供了基础。

例如,图 5.6 利用数据聚类的方法对燃烧过程进行了可视化。该燃烧数据集有 9 个时间步长和 4 个相关的标量场:压力(P)、密度(RHO)、反应进度(PROG)和温度(Temp)。其中,压力是燃烧系统内单位面积上的力,影响燃烧速度和火焰传播;密度是单位体积内的质量,影响燃料混合物的稠密程度及燃烧强度;反应进度是描述燃烧反应进展的无量纲参数,从 0(未反应)到 1(完全反应);温度是系统中的热能状态,影响燃烧反应速率和产物形成。这种数据聚类的可视化方法(即压力、密度、反应进展和温度)模拟了均匀各向同性湍流中预混火焰向未燃烧燃料/空气混合物的传播。每个空间区域现在都与一个"时间步长"属性相关联,如果路径线在相应的时间步长通过该空间区域,则该区域连接到路径线。特定时间步长中的有限时间 Lyapunov 指数字段是通过跟踪该时间步长中的粒子来计算的。为了研究临界点的演化,引入了特征流线作为一种新型的节点。在特征流场中跟踪特征流线,以指示临界点随时间的移动。

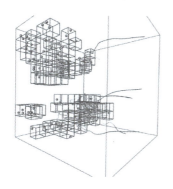
(a)第一个时间步长中的临界点及其邻近对象

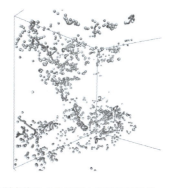
(b)所有临界点和连接它们的特征流线

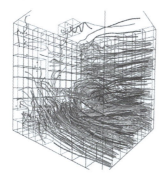
(c)高有限时间 Lyapunov 指数区域及其各自的邻近对象

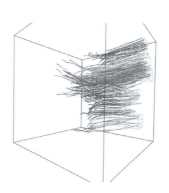
(d)低有限时间 Lyapunov 指数区域及其各自的邻近对象

图 5.6 利用数据类的方法对燃烧过程进行可视化

采用静态方法可视化动态场景可用于精简、抽象、描述等目的,尤其适用于宏观趋势变化的可视化。图 5.7 采用了静态方法研究时变网络数据,通过将时变网络每一帧的邻接矩阵展开到一维,以及计算每一帧的拓扑结构在一系列度量(包括平均度、密度、节点数、边数等)上的值,将每一帧转化为一个特征向量。然后,再通过投影算法(如 MDS、tSNE 等),将时变网络的每一帧投影到二维平面上进行分析。

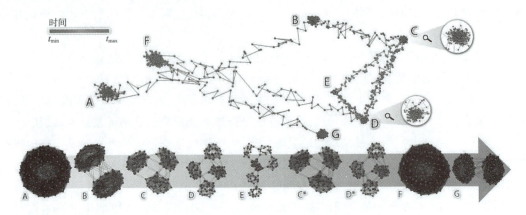

图 5.7　利用相似度计算和降维的方法

5.1.3　流数据可视化

流数据是一类特殊的时变型数据,其特点在于输入数据以一个或多个"连续数据流"的形式不断到达,而不是存储在可随机访问的磁盘或内存中。常见的流数据包括移动通信日志、网络数据、高性能集群平台日志、传感器网络记录、金融数据(如股票市场)、社交数据等。处理流数据与传统的数据池处理方法相比,具有以下特点:

(1)数据流的潜在大小也许是无限的。

(2)数据在线到达,需要实时处理,否则数据的价值随时间的流逝可能降低。

(3)无法控制数据的到达顺序和数量,每次流入的数据顺序可能不一致,数量时多时少。

(4)某个数据元素被处理后,要么被丢弃,要么被归档存储。

(5)对于流数据的查询异常情况和相似类型比较耗时,人工检测日志相当乏味且易出错。

流数据处理并没有一个固定的模型,通常按处理目的和方法的不同(如聚类、检索、监控等)会有不同的模型。这里参照图 5.8 所示的流数据处理过程,把不同的处理方法放在流数据处理器这样一个黑匣子里,综合可视化的过程得到一个流数据模型。数据流入流处理器后,大部分原始数据经过整理会存储在归档数据库中,而关键数据则保存在另一个易于访问的数据库中,作为可视化的数据源。关键数据进入可视化处理器后,通过一系列可视映射和布局等过程转化为可视化输出,呈现给用户。用户交互包括三个主要方面:首先是对输出内容进行可视检索,其次是对可视布局的基本交互,最后是对数据的自定义定制。这种设计中,多数据库的设置既有助于保护原始数据,又提高了数据的存取效率。同时,多处理器的设计也追求相同的两个目标,即保护数据完整性和提高数据处理效率。值得注意的是,用户对数据的定制只对定制时间之后的流数据有效,这也是流数据的特性,只在数据到达的时刻被处理。

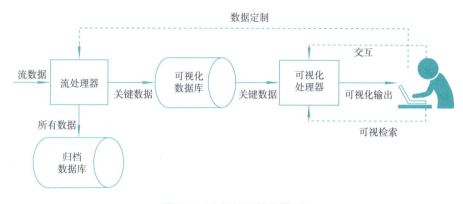

图 5.8　流数据可视化模型

流数据挖掘领域包含多种算法，涵盖了改进的传统数据挖掘算法、大数据相关的统计方法、采样算法和哈希算法，以及专为流数据设计的算法，例如滑动窗口和数据预测。在这些算法中，相似性计算是时序数据聚类、分类、检索、降维和异常检测等任务的基础。符号技术则提供了一种将时序数据转化到另一个维度的方法。

窗口技术在流数据处理中扮演着重要的角色，包括滑动窗口、衰减窗口和时间盒。这些窗口技术赋予不同时间段的数据不同的权重，使得最近的数据能够更好地发挥作用。滑动窗口指的是在时间轴上滑动的窗口，用于限定挖掘技术的对象为窗口内的数据。衰减窗口考虑了历史数据，给每个数据项赋予一个随时间逐渐减小的衰减因子，使得历史数据的权重逐渐降低。时间盒则是一种交互技术，通过时间盒框选部分数据进行联合搜索。

流数据可视化根据功能可分为监控型和叠加型（或历史型）两种类型。监控型可视化使用滑动窗口将流数据转化为静态数据，并通过刷新方式进行更新，适用于局部分析。叠加型可视化则将新产生的数据映射到原始历史数据的可视化结果上，通过渐进式更新方式，适用于全局分析。由于局部分析和全局分析各有其侧重点，通常会将这两种可视化方式结合到一个系统中，以获得更全面的分析结果。

图 5.9 所示为一天的系统性能管理时序数据，LiveRAC 系统对超过 4 000 台设备 11 个性能进行监控，每一行是一台设备，每一列是一个性能属性，包括 CPU、内存等，图中行按 CPU 性能的最大值对设备进行排列。其中前三台设备展开可以看到详细的性能时间分布折线图，前 13 行放大到足以显示设备文本标签，前几十行可以看到简略的性能值浮动及最大值，其他行缩略显示。每个折线图中的时间标线标记图中的异常值，时间标线的纵向比较同样可以反映异常在不同设备中的时延，从而表达不同设备的依赖关系。

FluxFlow 是一个分析社交媒体中异常信息扩散的可视化分析系统。该系统首先对时序文本进行聚类，然后利用类似于文本流的可视化设计对每个聚类中的帖子进行可视化。如图 5.10 所示，每个圆点代表一个帖子以及这个帖子的所有回复，圆点的大小编码了参与这个帖子的用户数量，圆点的颜色则编码了异常分数，颜色越偏紫则帖子的内容越异常。利用这样的可视化设计，人们在社交媒体上讨论的热点内容随时间的变化便被直观地展现出来。

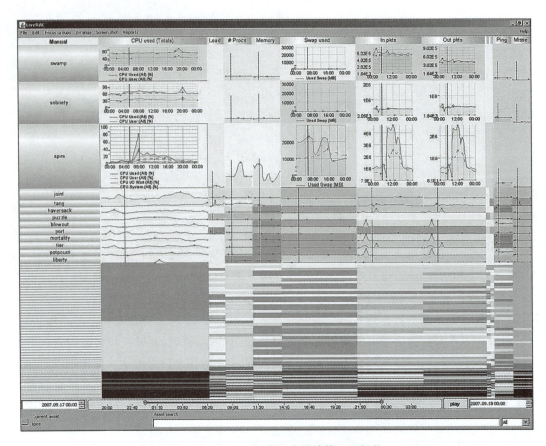

图 5.9　LiveRAC 交互式系统管理可视化

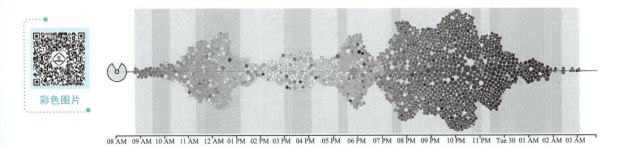

图 5.10　FluxFlow 系统主要视图，对一个聚类中的所有帖子进行可视化

5.2　空间数据可视化

空间数据是指带有物理空间坐标的数据，其中标量场指的是在空间采样位置记录单个标量的数据场。这类数据具有自然的层次结构，需要以不同的粒度进行深入研究。有时，空间数据可能包含具体的地点信息，但研究者可能更关注整体趋势。科学数据可大致分为多维度、多变量、多模态等类型。多维度用于表达物理空间中独立变量的维数，以及是否包含时间

维度,主要关注空间和时间概念的表达;多变量用于表示数据中所包含信息和属性的丰富程度,反映了变量和属性的数量;多模态强调数据获取的不同方法,以及各自对应的数据组织结构和尺度的差异。这些概念有助于更好地理解和处理空间数据,推动科学家深入挖掘其中的信息,提升对复杂自然现象的科学理解。

5.2.1 空间标量场可视化

本书将标量场数据讨论范围限定在一维、二维和三维真实物理空间的标量场数据,其数据对象大多来源于科学计算和实验探测。

1. 一维标量场可视化

一维空间标量场是指在空间中沿着某一路径采样得到的标量场数据。这类数据通常可以用一维函数来表示,其定义域是空间路径位置或空间坐标的参数化变量,而值域则包括不同的物理属性,如温度、湿度、气压、波长、亮度和电压漂移等。由于在数据采集时无法获取整个连续定义域内的数值,因此需要使用插值算法来重建相邻离散数据点之间的信号。当同一空间位置存在多个物理属性时,可以采用不同的可视化方法来表达多值域数据。如果值域变量具有相同的物理属性,可以采用不同颜色和线条进行区分,并展示在同一个图中进行对比;而如果值域变量的物理属性不同,可以选择采用多个子图的形式,以便更清晰地可视化不同的属性。这种可视化方法有助于科学家更好地理解和分析一维空间标量场的复杂性。

图 5.11 所示为(+)-儿茶素以及分别在黑暗和蓝光的、pH 值为 7[见图 5.11(a)]和 pH 值为 8[见图 5.11(b)]的磷酸盐缓冲液环境下聚合得到的儿茶素粉末的傅里叶变换红外光谱结果,这里的"(+)-"表示该化合物是一个具有特定立体构型的右旋手性分子。儿茶素和儿茶素粉末的紫外可见光谱对比结果[见图 5.11(c)]。由图 5.11(a)、(b)可知,在 pH 值为 7 和 pH 值为 8 的缓冲液中进行反应时,仅在缓冲液中聚合和光聚合得到的聚合儿茶素粉的光谱是相同的,这表明儿茶素在碱性环境中的自聚合和在蓝光下的光聚合的最终产物是儿茶素的相同聚合形式。由图 5.11(c)可知,儿茶素光谱有两个特征峰,在 250 nm 和 460 nm 处有最大值;儿茶素粉末有两个峰,最大峰在 250 nm 处,在 300~750nm 之间有一个宽峰。在 pH 值为 7 和 pH 值为 8 的缓冲液中聚合时获得的粉末,无论是在黑暗中还是暴露在蓝光下,都显示出相同的紫外可见光谱。这表明获得的所有化合物的结构相同。

2. 二维标量场可视化

高度图是二维标量场可视化的一种方法,它根据二维标量场数值的大小,在原几何面的法线方向进行相应的提升,从而使表面的高度随着二维标量场数值的大小和变化而起伏。通过这种方式,高度图将二维空间标量场数据有效地转换为三维空间的高度网格,使得表面的高低起伏反映了标量场的数值分布情况。

3. 三维标量场可视化

三维数据场指分布在三维物理空间,记录三维空间场的物理化学等属性及其演化规律的数据场。三维数据场的获取方式分为两类:采集设备获取和计算机模拟,如可视化软件 Met.3D 系统对天气预报(云冰水含量)的三维可视化,如图 5.12 所示。该图目标是识别云冰水含量超过 0.01gkg^{-1} 的最大概率区域,并跟踪该区域随时间的演变。图 5.12(b)和(c)中的正交曲线立即显示了透明度 40% 等值面上部的最大值。其中图 5.12(b)和图 5.12(c)蓝色

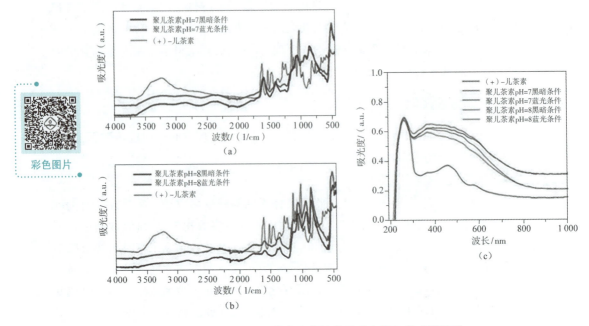

图 5.11　儿茶素粉末的傅里叶变换红外光谱结果

垂直刻度尺表示垂直位置(高度),左上角标度表示在当前垂直位置云冰水含量超过 0.01 g/kg 的概率。相应的概率颜色阴影显示,最大值大约位于比利牛斯山脉(欧洲西南部)上方。与相互作用表明垂直位置在 300 和 200 百帕之间。

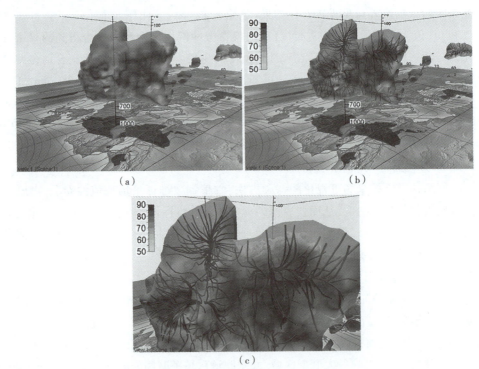

图 5.12　Met. 3D 系统对天气预报的三维可视化

三维标量场数据的可视化方法最常用的三类是：截面可视化、间接体绘制和直接体绘制。间接体绘制和直接体绘制统称为体绘制，它们是探索、浏览和展示三维标量场数据最常用且最重要的可视化技术，支持用户直观方便地理解三维空间场内部感兴趣的区域和信息。其中，间接体绘制提取显式的几何表达（等值面、等值线、特征线等），再用曲面或曲线绘制方法进行可视化。由于三维空间的遮挡，观察三维标量场的最简便方法是采用二维截面对数据取样。截面可以是任意方向的平面、曲面甚至多个曲面，图 5.13 所示为一个交互式界面截面可视化。

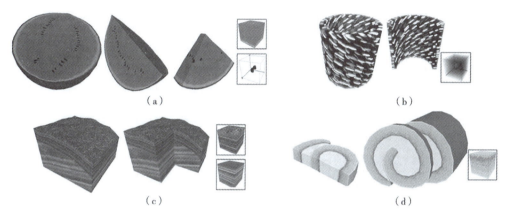

图 5.13　交互式界面截面可视化

5.2.2　空间向量场数据可视化

向量场数据在科学计算和工程应用中扮演着至关重要的角色，如在飞机设计、气象预报、桥梁设计、海洋大气建模、计算流体动力学模拟和电磁场分析等领域。每个采样点处的向量数据表达了特定方向，使得向量场的可视化方法与标量场有着明显的区别。向量场可视化的主要目标包括展示场的导向趋势信息、表达场中的模式，以及识别关键特征区域。通常情况下，向量场数据是通过数值模拟获得的，例如计算流体动力学生成的数据。二维或三维流场记录了水流、空气等流动过程中的方向信息，是应用最广泛、研究最深入的向量场类型。因此，流场可视化成为向量场可视化中最重要的组成部分。其挑战在于如何有效地呈现和理解复杂的方向性信息，以便科学家和工程师能够从中获取有价值的见解。图 5.14 所示为达·芬奇的手稿涡流，生动地展示了水流的流动模式。图 5.15 所示为表意性可视化绘制而成的结果，显示了某飞行器尾翼处的两个漩涡。

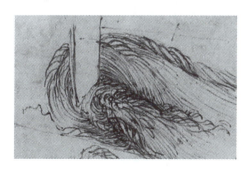

图 5.14　达·芬奇手绘涡流

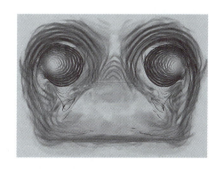

图 5.15　流场数据的表意性可视化

流场可视化的核心目标是设计感知有效的流表示方式描绘其流动信息。相关的重要问题包括效率、数据尺寸和复杂需求、随时间变化的非正常流、复杂网格,以及多种变量(如速度、温度、压力、密度和黏度)的可视化、流场特征提取和跟踪等。常见的四种二维向量场可视化方法为图标法、几何法、纹理法和拓扑法。

(1) 图标法:简单直接的向量场数据可视化方法是采用图标逐个表达向量。箭头的方向代表向量场的方向,长度表示大小。图标的尺寸、颜色、形状等视觉通道可用来表示其他信息。图标法所采用的图标主要有:线条、箭头和方向标识符。如图5.16(a)所示,采用箭头图标表示向量。

(2) 几何法:指采用不同类型的几何元素,如线、面和体模拟向量场的特征。不同类型的几何元素和方法适用于不同特征(稳定、时变)和维度(二维、三维)的向量场。如图5.16(b)所示,采用流线描述飞机的飞行。

(3) 纹理法:传统的基于几何的方法在处理复杂向量场时经常产生不理想的可视效果,在基于纹理的可视化方法中,研究人员以纹理图像的形式显示向量场的全貌,能够有效地弥补图标法和几何法的缺陷,揭示向量场的关键特征和细节信息。如图5.16(c)所示,应用UFLIC方法对振动机翼附近的空气流场进行可视化,获得最终的向量场纹理图像。

(4) 拓扑法:向量场可视化中的拓扑方法主要基于临界点理论:任意向量场的拓扑结构由临界点和链接临界点的曲线或曲面组成。其中,临界点是指向量场中各个分量均为零的点。该方法是一种对向量场抽象描述的方法,让用户抓住主要信息,忽略其他次要信息,并且能够在此基础上对向量场进行区域分割,如图5.16(d)所示。基于拓扑的向量场可视化方法能够有效地从向量场中抽取主要的结构信息。由于具备丰富的数学理论基础,该方法适用于任意维度、离散或者连续的向量场。

(a) 向量场箭头式图标　　　　　　　　(b) 飞机飞行模拟的流线

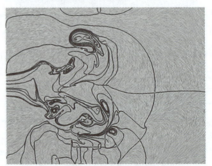

(c) 应用UFLIC对振动机翼附近空气流场进行可视化的结果　　(d) 基于拓扑的二维向量场可视化结果

图5.16　二维向量场可视化

5.2.3 空间张量场数据可视化

张量的数学定义：由若干坐标系改变时满足一定坐标转化关系的有序数组成的集合。张量是矢量的推广，标量可看作 0 阶张量，向量可看作 1 阶张量。如果在全部空间或部分空间里的每一点都有一个张量，则该空间确定了一个张量场。每个采样点处的数据是一个张量的数据场，称为张量场。在科学计算领域，张量场是一类重要的场数据，常用于表示物理性质的各向异性。张量场广泛用于数学、物理和工程领域，如微分几何、基础物理、光学、固体机械学、流体动力学、环境工程、航空航天和弥散张量成像等，如图 5.17 所示。

（a）某地 7.3 级地震模拟数据中的反对称二阶二维张量场　　（b）力学模拟中的无方向旋转对称二阶三维跨域场

图 5.17　张量场应用

张量的表示方法包括图标法、纹理法、拓扑法等，下面分别进行介绍：

（1）图标法：采用图标表示张量简单直观，主要包含两个重要步骤，即采样张量场和构建图标。选择一些有代表性的采样点，获取这些位置处的张量信息，根据张量信息选择适当的几何表达方法，构建相应的张量图标。

（2）纹理法：相对于标量场数据，张量场包含更加丰富的信息。一种直接的做法是将张量的全部或部分属性映射为颜色，从而将整个张量场视为一张超纹理。通过对原始张量场数据集进行噪声过滤，可以选择其中的部分属性作为域变量，以进行直接的立体可视化。这种方法能够更好地展示和理解张量场数据的复杂性。图 5.18 所示为基于部分各向异性值作为不透明度函数设计域的可视化结果。通过将部分各向异性值小于给定阈值体素的不透明度设置为 0，而大于该阈值的不透明度设置为 1，可获得类似于移动立方体法的等值面提取效果。

图 5.18　基于不透明度函数设计域的可视化结果

(3)拓扑法:向量场可视化中拓扑方法在张量的特征向量场上的一种扩展。对于对称的二阶张量,通过特征分解可以得到该张量的特征值与特征向量。尽管这些特征向量场既没有范数,也没有方向,但与纤维追踪法相似,仍然可以定义特征向量场中的积分曲线。这种方法有助于更全面地理解和可视化张量场中的拓扑结构。

5.3 地理信息可视化

人们生活在三维空间中,从现实世界获取的数据通常包含位置信息。空间数据指的是在三维空间中定义和表示具体位置信息的数据。理解空间数据对于认知自我和外部世界至关重要。虽然地理空间数据与一般的空间数据都描述了对象在空间中的位置,但地理空间数据特指人们实际生活的真实空间,其信息载体和对象映射方式具有独特性。地理空间数据一直是可视化研究和应用的重要对象。随着广泛使用的移动设备和传感器每时每刻都产生大量地理空间数据,相关可视化技术面临着新的机遇与挑战。

早在人类历史的早期,人们就开始通过地图制作研究地理数据的表达,并且已经形成了一门专业的学科,即地图制图学。随着计算机的发明,使用计算机存储、管理和展示地理数据,形成了另一门学科,即地理信息系统(geographic information system,GIS)。下面将主要从三方面对地理空间可视化方法进行介绍。

5.3.1 点数据的可视化

点数据描述的是地理空间中离散的点,这些点具有经度和纬度坐标,但没有具体的大小尺寸。这是地理数据中最基本、最常见的形式,例如地标性建筑和餐馆。常用的点数据可视化方法是直接在地图上根据坐标标识对象,其中圆点是最常见的标识符。其他属性可以通过不同的视觉元素表示,例如大小和颜色可用于呈现数值型属性。除了常用的圆点外,还可以使用其他符号来标识地图上的对象。当数据对象属于不同类别时,通常使用不同的符号进行区分。在选择图表或符号时,需要遵循一些原则。首先,符号必须直观并符合常识,例如使用刀叉来标识餐厅,使用大写的 P 表示停车场。其次,符号的种类不宜过多,以免用户难以记住每种符号的含义。最重要的是,可视化必须配有图例,以解释各种符号的含义。

虽然用圆点在地图上标识点数据非常有效,符合人们看地图的习惯,可以在有限的空间显示较多的信息,但是当有海量的点数据需要在地图上标识时,点之间会产生大量互相重叠的情况,特别是当区域数据分布不均时,数据密集的地方会有大量的点互相重叠,而数据稀疏的地方空白居多。对于这类问题,有以下两种解决方法:

(1)将地图划分区块,在可视化中采取显示每块区域中数据对象的统计数据的方式,而不是显示每个数据对象。

(2)通过合理的布局算法减少重叠,并且利用渲染和融合充分表现每个数据对象。

5.3.2 线数据的可视化

在地理空间数据中,线数据通常表示连接两个或多个地点的线段或路径,具有长度属性,即所经过的地理距离。一个常见的例子是地图上显示两个地点之间的行车路线,线数据也可以是一些自然地理对象,如河流等。最基本的线数据可视化方法通常采用绘制线段来连接相应地点。在这个过程中,可以选择不同的可视化方法来达到最佳效果,例如使用颜色、线型、宽度和标注来表示各种数据属性。此外,通过对线段进行适当的变形,可以精确计算其位置,减少线段之间的重叠和交叉,从而提高可读性。

在有限的地图空间展示大量线数据可能导致视觉混淆。为满足不同应用需求,需要选择适当的解决方法。如果可视化的目的是理解整体数据模式而不是展现每条线段的详细信息,可以采用适当的简化方法,将大量线条聚类并简化为几个线束来展示。

在可视化地理空间的线数据时,采用适当的渲染方法和合理的抽象方式有助于将数据内在的模式呈现为简单、直观的视觉信号。然而,在某些实际应用中,需要清楚呈现每一条连线,并进行信息检索。在这种情况下,大量线条的重叠和交叉可能妨碍了信息检索的效率,因此需要通过改变连线的形状和布局来减少这些问题。改变连线布局的最常见方法之一是连线绑定,这是一种降低视觉复杂度的技术。在现实生活中,当家电设备的电源线和信号线太多时,通常会将这些连线按照走向分组,然后分别扎捆成束。在可视化中,类似地,可以通过连线聚类将同类的连线中互相接近的部分合并在一起,从而减少屏幕上总的连线数量和交叉情况。

5.3.3 区域数据的可视化

区域数据包含比点数据和线数据更多的信息。地理空间中的一个区域有长度,也有宽度,是由一系列点所标识的一个二维封闭空间。地理区域大到一个国家、省,小到一个湖泊、街区。与点数据和线数据类似,可视化区域数据的目的也是表现区域的属性,如人口密度、人均收入等。最常用的方法是采用颜色表示这些属性的值。

1. Choropleth 地图

Choropleth 地图可视化假设数据的属性在一个区域内部平均分布,因此一个区域用同一种颜色来表示其属性。Choropleth 地图最常见于选举和人口普查数据的可视化,这些数据以省、市等地理区域为单位。Choropleth 地图依靠颜色来表现数据内在的模式,因此选择合适的颜色非常重要。当数据的值域大或数据的类型多样时,选择合适的颜色映射相当有挑战性。ColorBrewer 是专门为地图提供配色建议的工具,如图 5.19 所示。

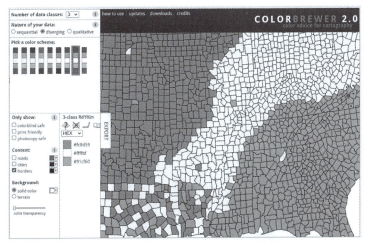

图 5.19　ColorBrewer 系统为地图提供配色建议

需要注意的是，Choropleth 地图中区域的面积大小与地图中可视化的数值无关，在某些特定情况下会使人产生理解上的歧义。

2. Cartogram

Cartogram 可视化按照地理区域的属性值对各个区域进行适当的变形，以克服 Choropleth 地图对空间使用的不合理性。Cartogram 可视化的核心问题是采用的变形算法，按照各区域单元属性值的区际比例，调整每个区域单元的几何面积，同时保持各个区域单元的空间邻接关系。地图上物体的相对位置关系对于人们识别地图非常重要。

3. 规则形状地图

除了这两种 Cartogram 外，研究人员也尝试用更简单的几何形状来表示地图上的区域，例如矩形或者圆形，这是因为标准的几何图形使用户能更容易地判断区域的面积大小。

5.4 层次和网络数据可视化

层次数据是一种常见的数据类型，着重表达数据之间的层次关系。这种关系主要表现为两类：包含和从属。在现实世界中，层次关系无处不在，例如整体包含部分、上下级从属关系等。现代人类社会和虚拟网络社会的各个方面都涉及层次和网络型数据。通过对这类数据进行可视化和分析，可以揭示数据背后潜藏的模式，有助于全面把握整体情况，从而更好地进行协调管理和决策。

5.4.1 层次数据

在人们组织和认知信息的时候，层次结构也常常被用到，例如计算机文件系统中的文件和目录。当人们进行记忆和思维发散时，典型的层次结构思维导图也能发挥很大的辅助作用。下面将介绍几种常见的层次数据可视化方法。

1. 树状图

通常使用缩进方式展现层次结构的层级，如文件目录列表。然而，使用这种方式时，被可视化的文件或目录数量可能受到一定的限制，从而使全局结构难以一目了然。为了有效展示这类层次结构的图表数据，树状图被认为是一种有效的可视化方法。

树状图是表示连续合并的每对类之间的属性距离的示意图，图 5.20 所示为人工智能的各个主要领域及其分支。为避免线交叉，示意图将以图形的方式进行排布，使得要合并的每对类的成员在示意图中相邻。树状图采用等级聚类算法，程序首先会计算输入特征文件中每对类之间的距离，然后迭代式地合并最近的一对类，完成后继续合并下一对最近的类，直至合并完成所有的类。在每次合并后，每对类之间的距离都会被更新，合并类特征时采用的距离将用于构建树状图。根据形状的不同，树状图可分为四类，分别为纵向树状图、横向树状图、环状树状图和进化树状图。其中，纵向树状图和横向树状图是最简单的树状图。图 5.21(a) 所示为某动物家族的部分成员构成的纵向树状图，这是一种典型的树状图。图 5.21(b) 表示 2019 年首批 21 种罕见病药和 4 种原料药，可用于 14 种罕见病的治疗。图中可以清晰地传递出 21 种罕见病药和 14 种罕见病的对应关系。这种节点在放置时都按照水平或垂直对齐的布局,通常称为正交布局。这种与坐标轴一致的、比较规则的布局与人们的视觉识别习惯相吻合,即使对一般的用户也非常友好、直观。但是对于大型的层次结构,特别是广度比较大的层次结构,这样的布局就会导致不合理的长宽比。

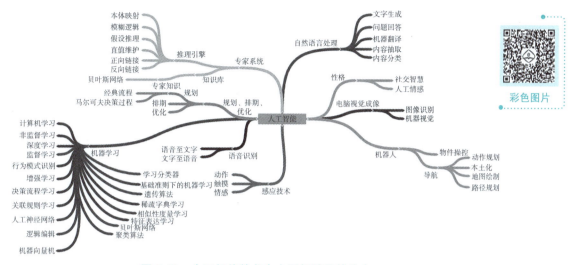

图 5.20 人工智能的各个主要领域及其分支

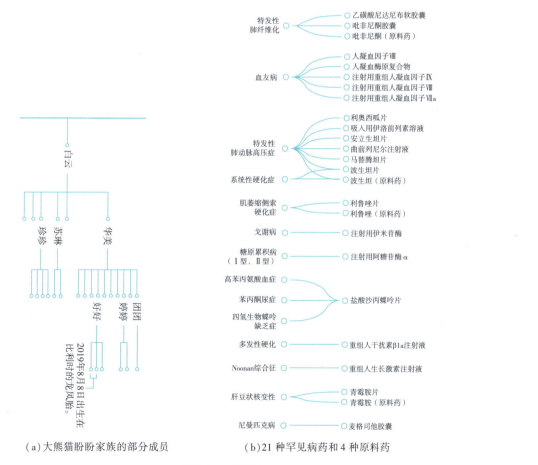

(a) 大熊猫盼盼家族的部分成员　　(b) 21 种罕见病药和 4 种原料药

图 5.21 树状图

矩形树状图也称为树状结构图,是一种利用嵌套式矩形显示层次结构的方法,同时通过面积大小显示每个类别的数量。矩形树状图采用矩形表示层次结构中的节点,父子节点之间的层次关系用矩形之间的相互嵌套隐喻来表达。因此,矩形树状图是一种紧凑且节省空间的层次结构显示方式,能够直观体现同级类别之间的比较。矩形树状图的优点在于,相比传统的树状图,矩形树状图能更有效地利用空间,并且拥有展示占比的功能。矩形树状图的缺点在于,当分类占比太小时,文本会变得很难排布;相比分叉树状图,矩形树状图的树状结构数据表达得不够直观、明确。

2. 径向树图

径向树图是一种用于可视化层次结构数据的图表类型,与普通树可视化相同,但采用圆形格式。它通过将树状结构以径向方式呈现在一个圆形或半圆形区域内,帮助用户更直观地理解和分析层次结构。使用径向树的优点是它比普通树更紧凑,更适合较大的树。径向树图通常具有可扩展性,允许用户交互地展开或折叠树的不同部分,以便更深入地探索层次结构。并且,它通常支持交互功能,用户可以通过悬停、点击等方式获取有关节点的详细信息。这种交互性增强了用户对数据的探索和理解。但这种方式的一个缺点是标签可能难以阅读,具体也取决于它们的可视化方式。图 5.22 所示为川剧行当的径向树图可视化。

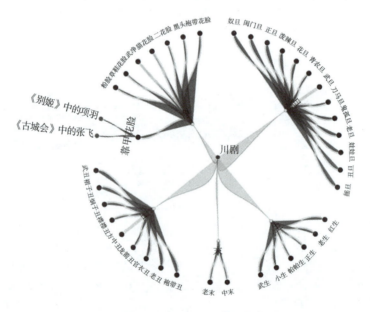

图 5.22 川剧行当分类可视化

3. 旭日图

旭日图也称为多层饼图或径向分层图,采用一系列的圆环来展示层次结构,并按照不同类别的节点进行切割。每个圆环代表层次结构中的一个级别,中心圆点表示根节点,层次结构从这个点向外逐渐延伸。随后,根据与原始切片的层次关系,圆环会被再次划分,分割的角度可以是均等平分,也可以与某个数值成正比。尽管单层旭日图在形式上与圆环图相似,但多层旭日图展示了外层环状数据与内层环状数据的关系信息,其中内环颜色较深,外环颜色较浅,通过使用不同颜色突出显示层次分组或特定类别,有助于观察数据内在的层次关系和占比情况。图 5.23 所示为某国际点评网站上全球各地区 2 万家中餐厅和 1.5 万道在美国推荐的中餐菜品。黄色代表中餐中的舶来口味,红色代表传统口味,面积的大小代表该口味菜品的数量。

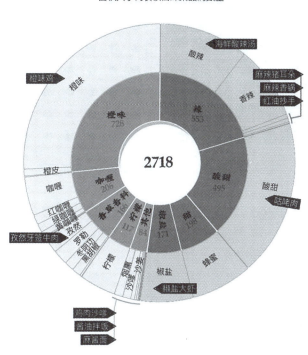

图 5.23　某国际点评网站上全球各地区 2 万家中餐厅和 1.5 万道在美国推荐的中餐菜品

4. 华夫饼图

华夫饼是一种由小方格组成的面包,华夫饼图因此而得名。该图分为块状华夫饼图和点状华夫饼图。块状华夫饼图是一种有效的图表,用于展示总体数据的组类别情况。图中的小方格采用不同颜色表示不同类别的分布和比例,便于与其他数据集的分布和比例进行比较,帮助人们更容易发现模式。而当只有一个变量或类别时(所有点都是相同的颜色),点状华夫饼图相当于比例面积图。如图 5.24 所示,表示某电影的上座率,分别利用块状华夫饼图和点状华夫饼图,最终都表达上座率达到了 95%。

5.4.2　网络数据

树状结构适合用于表达层次结构关系,而没有明显层次结构关系的数据可以统称为网络数据。与树状数据中明显的层次结构不同,网络数据并不具备自底向上或自顶向下的明确层次结构,其表达关系更加自由和复杂。通常,网络以图的形式表示,在图结构中,节点通常被称为顶点,边是顶点的有序偶对。如果两个顶点之间存在一条边,表示这两个顶点具有相邻关系。图是一种非线性结构,与线性表和树相比,图具有更加灵活和自由的表达方式。

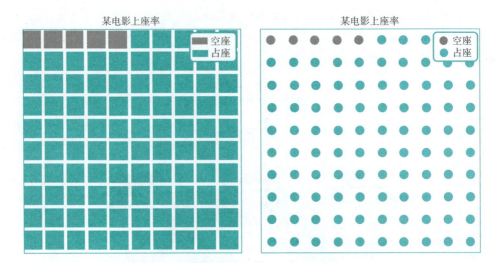

图 5.24 块状华夫饼图和点状华夫饼图示意图

如果每条边都定义了权重,则称为加权图。如果图的每条边都有方向,则称为有向图,否则是无向图。若有向图中有 n 个顶点,则最多有 $n(n-1)$ 条弧,具有 $n(n-1)$ 条弧的有向图称为有向完全图。同样可以定义无向完全图。与顶点 v 相关的边的条数称作顶点 v 的度。如果平面上的图不包含交叉的边,则称图具有平面性。如果两个顶点之间存在一条连通的链接,则两者是连通的。若第一个顶点和最后一个顶点相同,则这条路径是一条回路。若路径中顶点没有重复出现,则称这条路径为简单路径。如果图中任意两个顶点之间都连通,则称该图为连通图;否则,将其中的极大连通子图称为连通分量。在有向图中,如果对于每一对顶点双向都存在路径,则称该图为强连通图;否则,将其中的极大连通子图称为强连通分量。连通的、不存在回路的图称为树。

图的可视化是一个经典的研究方向,主要包括三方面:网络布局、网络属性可视化和用户交互。其中,布局对于确定图的结构关系是最核心的要素。而最常用的布局方法主要分为节点 – 链接法和相邻矩阵两类。在实际应用中,这两种方法并没有绝对的优劣之分,选择合适的可视化表达方式取决于不同的数据特征以及可视化需求,有时也可以采用混合表达方式以满足多样化的可视化要求。

1. 节点 – 链接法

采用节点表示对象、线或边表示关系的节点 – 链接布局是最自然的可视化布局方式。这种布局易于用户理解和接受,有助于快速建立事物之间的联系,明确表达事物之间的关系。例如,在关系型数据库的模式表达和地铁线路图中,节点 – 链接布局是首选的网络数据可视化方式。图的各种属性,如方向性、连通性和平面性等,都会对可视化布局产生影响。对于不具有平面性的图,其包含交叉的边将极大增加可视化的复杂度。

在实用性和美观性方面,节点 – 链接布局的首要原则是尽量避免边的交叉。其他可视化原则包括节点和边的均匀分布、边的长度与权重相关、整体对称的可视化效果,以及网络中相似子结构的相似可视化效果等。这些原则不仅确保了美观的可视化效果,还有助于减少对用户的误导。例如,直觉上人们认为两个点之间用较长的边连接表示关系不紧密,而较短的边则意味着关系密切。

针对不同的数据特性,可采用不同的节点-链接布局方法。对于仍保持一定内在层次结构的网络数据,可以用树状布局算法稍做扩展得到回路图;在地铁交通和电路设计中大量采用了正交的布局方式,即网格型布局,便于机器识别,尤其在电路设计中有较强的可读性;对于具有多个属性的数据点之间的网络关系,可以用基于属性的布局或基于语义的布局。例如,PivotGraph 采用网格型布局,以 x、y 两个方向代表两种属性,分别列出点在各个属性的分布情况以及属性之间的相互关系,表达了属性之间的相关性和数据的分布。三维地理信息环境中的网络比二维网络可视化增加了空间维度,舒缓了平面上的视觉混乱(见图 5.25),但会引发三维空间的视觉遮挡问题。节点-链接布局方法主要有力引导布局(force-directed layout)和基于距离的多维尺度分析(multidimensional scaling,MDS)布局两种。

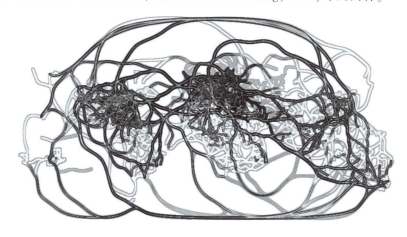

图 5.25　某国移民地图可视化

力引导布局方法最早由 Peter Eades 在 1984 年的"启发式画图算法"一文中提出,目的是减少布局中边的交叉,尽量保持边的长度一致。此方法借用弹簧模型模拟布局过程:用弹簧模拟两个点之间的关系,受到弹力的作用后,过近的点会被弹开而过远的点被拉近;通过不断地迭代,整个布局达到动态平衡,趋于稳定。其后,"力引导"的概念被提出,演化成力引导布局算法——丰富了两个点之间的物理模型,加入点之间的静电力,通过计算系统的总能量并使得能量最小化,从而达到布局的目的。这种改进的模型称为能量模型,可看成弹簧模型的一般化。力引导布局可广泛地应用于各类无方向图,很多可视化工具包都实现了这个算法,只要在调用工具包中的布局之前定义好点、边和权重,就能快速地实现一个力引导布局。图 5.26 所示为应用 Prefuse 工具实现力引导布局的一个实例,从图中可以看到点被很好地分散在整个界面上,而且点与点之间的距离可呈现它们的亲疏关系,可以大致看出一些群体关系。

力引导布局是一种易于理解和实现的布局方式,适用于大多数网络数据集,其效果具有较好的对称性和局部聚合性,因此呈现出比较美观的效果。该算法具有良好的交互性,用户可以在界面中观察整个逐渐趋于动态平衡的过程,从而更容易接受整个布局结果。然而,力引导布局只能实现局部优化,无法达到全局优化,并且初始位置对最终优化结果产生较大影响。一种常见的改进方法是在不同初始条件下执行力引导布局,并在不同平衡状态中选择相

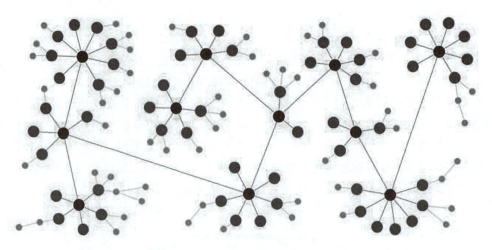

图 5.26　力引导布局算法实例

对合适的优化结果。然而，反复的迭代尝试导致了较高的力引导布局时间复杂度。为了弥补力引导布局的局限性，多维尺度变换（multidimensional scaling，MDS）应运而生。MDS 专注于高维数据，通过降维方法将数据从高维空间降至低维空间，旨在保持数据之间的相对位置不变，并同时保持布局效果的美观性。力引导布局方法的局部优化使得在局部点与点之间的距离能够相对忠实地反映内部关系，但难以保持局部与局部之间的关系。相较之下，MDS 采用全局控制，其目标是保持整体偏离最小，使得 MDS 的输出结果更符合原始数据的特性。

弧长链是图节点-链接法的一个变种。它采用一维布局方式，即节点沿某个线性轴或环状排列，圆弧表达节点之间的链接关系，如图 5.27 所示。其中，图 5.27（a）代表各站上下车总人数的情况；图 5.27（b）展示某个时段用户使用 Uber 软件在旧金山与各个城市之间乘车交通情况。这种方法不能像二维布局那样表达图的全局结构，但在节点良好排序后可清晰地呈现环和桥的结构。对节点的排序优化问题又称序列化，在可视化、统计等领域有广泛的应用。

2. 相邻矩阵布局

相邻矩阵指代表 N 个节点之间关系的 $N \times N$ 的矩阵，矩阵内的位置 (i,j) 表达了第 i 个节点和第 j 个节点之间的关系。对于无权重的关系网络，用零一矩阵来表达两个节点之间的关系是否存在；对于带权重的关系网络，相邻矩阵则可用 (i,j) 位置上的值代表其关系紧密程度；对于无向关系网络，相邻矩阵是一个对角线对称矩阵；对于有向关系网络，相邻矩阵不具对称性；相邻矩阵的对角线表达节点与自己的关系。

与节点-链接法相比，相邻矩阵能很好地表达两两关联的网络数据（即完全图），而节点-链接图不可避免地会造成极大的边交叉，造成视觉混乱。相反，当边的规模较小时，相邻矩阵可能无法有效展示网络的拓扑结构，甚至难以直观地呈现网络的中心性和关系的传递性，而节点-链接图在这方面表现更加出色。

相邻矩阵具有表达简单易用的优势，可以使用数值矩阵，也可以将数值映射到色彩空间进行表达。然而，从相邻矩阵中挖掘隐藏信息并不容易，通常需要结合人机交互。在人机交互中，最关键的两种操作是排序和路径搜索。排序操作使具有相似模式的节点更加靠近，而路径搜索则用于探索节点之间的传递关系。

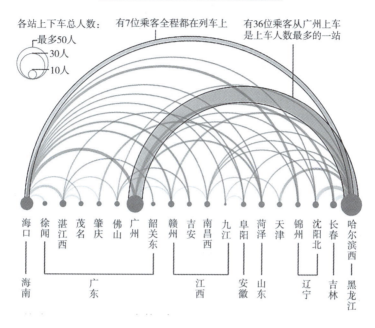

(a) 线性弧长链接图

(b) 极坐标弧长链接图(也称为和弦图)

图 5.27 弧长连接图算法实例

为相邻矩阵排序的意义是凸显网络关系中存在的模式。类似于弧长链接图,这个问题也称为序列化问题。一个 $N \times N$ 的相邻矩阵共有 $n!$ 种排列方式,在这 $n!$ 种组合中找到使代价函数最小的排列方式称为最小化线性排列,是一个 N-P 难度的问题。N-P 难度问题是指那些很难找到高效解决办法的计算问题,如果能在多项式时间内解决其中一个 N-P 难度问题,也能在多项式时间内解决所有的 N-P 难度问题。在实际应用中,通常采用启发式算法,不求达到最优。常规的排序方法依据网络数据的某一数值(矩阵值或节点的度)的大小执行。选择不同的排序项产生不同的矩阵排序结果,如图 5.28 所示。

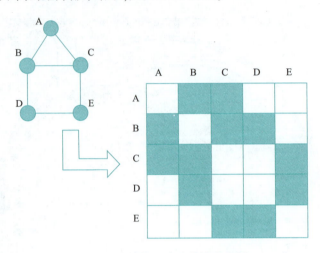

图 5.28　相邻矩阵法的排序实例

在实际应用中,相邻矩阵往往是稀疏的,这是因为节点数目多时,并不是两两之间都存在关系,因此生成的都是稀疏矩阵。对稀疏矩阵排序,将非零元素尽可能排到主对角线附近,使得矩阵中的有效值尽量聚集在一起,造成主对角占优,可减少矩阵计算的开销,并展示网络结构中的规律,增强可视化结果的可读性。针对稀疏矩阵的排序算法主要有高维嵌入方法和最近邻旅行商问题估计方法。高维嵌入方法采用主元分析法(PCA)计算矩阵的若干个最大的特征值,继而用降维方法计算比原矩阵维度小很多的矩阵,得出重排结果。

相邻矩阵法能够明确地表示节点之间的直接关系,但对于间接关系,即关系的传递性可视化表达相对较弱。因此,有必要设计能够在相邻矩阵上进行路径可视化的算法,以有效地呈现两个节点之间的最短路径。在节点-链接法布局中,从一个节点开始沿着边找到另一个节点以计算两点之间的间接关系在视觉上相对直观,适用于规模较小的图;而在相邻矩阵上表示两个点的路径,需要考虑路径的布局和交叉处理等问题。在相邻矩阵路径的可视化的代表性工作中,给定两个节点,用最短路径算法得到间接关系的传递过程节点,并在相邻矩阵上用折线段连成路径表达节点间的间接关系,如图 5.29 所示。对于边的交叉导致的视觉误导,可采用曲线、带边框直线、曲线表达交叉部分等方法纠正视觉误导。

与节点-链接法相比,相邻矩阵最大的优点是可以完全规避边的交叉,图 5.30 中的对比明显地展示了这一点。然而相邻矩阵在关系的传递表达上不如节点-链接布局那么明显。即使可以设计关系传递性的表达方法,也只能表达较少的关系,否则会大幅增加图的可识别度。而且一旦图的节点规模增加,相邻矩阵甚至不能在有限的分辨率下可视化所有节点。另外,尽管在相邻矩阵法中进行路径搜索比节点-链接法困难,但是相邻矩阵法也具有相当的优势,允许交互的聚类和排序也使得相邻矩阵法适用于网络结构的深层次探索。

3. 混合布局方法

节点-链接布局适用于节点规模庞大、边关系相对简单,同时能够从布局中清晰展示图的拓扑结构的网络数据。相反,相邻矩阵则适用于节点规模较小,但边关系复杂,甚至是所有

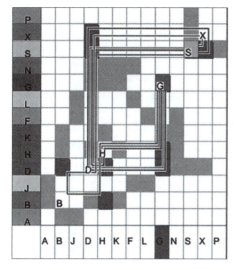 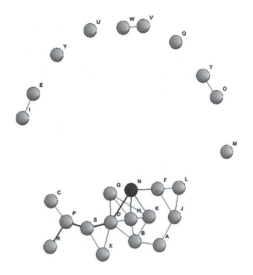

(a)以相连正交的直线表达相连的节点　　　　(b)图(a)在节点－链接图中的表达

图 5.29　相邻矩阵路径的可视化

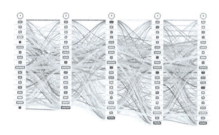 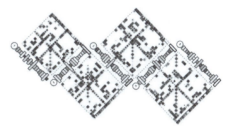 

彩色图片

(a)桑基图(一种节点－链接图)存在严重的视觉遮挡问题　　(b)MatrixWave 可视化方法

图 5.30　桑基图与 MatrixWave 可视化方法

节点之间都存在关系的数据。在处理部分稀疏、部分稠密的数据时,独立采用任何一种布局可能无法有效传达数据的全貌,此时可以考虑采用混合两者的布局设计,以更全面地呈现数据的特性。部分稠密的数据,单独采用任何一种布局都不能很好地表达数据,可混合两者的布局设计。一些人认为不同的布局各有所长,取长补短的混合布局永远是优于单一布局的选择,但实际上顾此失彼的例子经常见到。是否需要混合布局、如何设计混合布局必须经过仔细思考。

图 5.31 所示的计算机监控界面,采用了混合布局的设计理念,将图表、文本信息和数据表格巧妙地融合在一个界面中。左上方以图为主,直观地展示了发生故障的机器的 IP,利用颜色编码迅速区分负载状态。上方则通过表盘辅以详细文本描述展示了告警信息,确保了监控的全面性和细致性。同时,界面右侧和底部区域以条形图和饼状图等详细数据呈现各种信息,左下方通过表格展示了所有监控的主机的信息,包括 IP 地址、主机名称、服务状态等,便于用户快速定位问题。这种混合布局不仅提升了界面的信息密度,还通过视觉层次和逻辑分区的划分,有效提升了用户的使用体验和监控效率。

图 5.31　计算机监控系统界面

NodeTrix 方法如图 5.32 所示,结合了节点-链接和相邻矩阵两种布局。此方法首先对网络数据进行聚类,同一类别的节点之间关系比较紧密,而类与类之间关系相对疏远,这就构成了使用混合布局的前提。类内部关系和跨类关系分别用相邻矩阵和节点-链接布局进行可视化。以这个方法为基础的交互可视化系统 NodeTrix 在交互上支持类的拖动、合并和拆分。

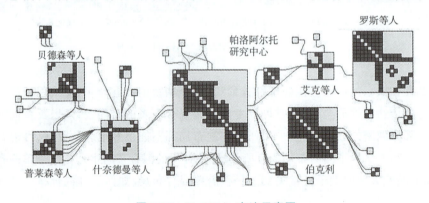

图 5.32　NodeTrix 方法示意图

5.5　文本和文档可视化

文本信息无处不在,无论是邮件、新闻,还是工作报告,都是人们日常工作中需要处理的文本信息。随着文本信息的爆炸式增长和工作节奏的不断加快,人们急需更高效的文本阅读和分析方法,于是文本可视化技术崭露头角。"一图胜千言"的说法强调一张图像所能传达的信息相当于大量文字的堆积描述。考虑到图像和图形在信息表达上的优势和高效性,文本可视化技术采用可视表达技术,以直观的方式展现文本和文档中的有效信息。用户可以通过感知和辨析可视图元来提取信息。因此,辅助用户准确、无误地从文本中提取信息并简洁直观地展示信息是文本可视表达的基本原则。

文本可视化技术得到了广泛的应用,其中标签云技术已成为许多网站展示关键词的常用方式。此外,文本可视化还与其他领域相结合,例如信息检索技术,可以通过可视化方式描述信息检索过程并传达检索结果。这使得文本可视化在不同领域都发挥着重要的作用。

5.5.1 文本可视化流程

人类对文本信息的理解需求是推动文本可视化研究的动机。文档中的文本信息涵盖了词汇、语法和语义这三个层面。此外,文本文档可分为单一文本、文档集合和时序文本数据等多个类别,使得对文本信息的分析需求更为多样化。例如,对于一篇新闻报道,人们关注的信息特征主要集中在内容方面;而对于由一系列跟踪报道组成的新闻专题,人们关注的信息特征不仅包括每个时间段的具体内容,还涉及新闻热点的时序性变化。文本信息的多样性推动了人们提出多种通用的可视化技术,并针对特定的分析需求开发了具有特色的可视化技术。总体而言,文本可视化有助于用户快速理解文档的内容和特征等信息,全面了解文档集合的聚类情况,比较文档和文档集合的各种信息,并关联分析多源文档数据的内容和特征等。这些功能使得文本可视化在满足不同需求的同时提供了全面而直观的分析工具。

文本可视化的研究内容可从多个角度总结。例如,以文本文档的类别作为归纳标准的文本可视化,可分为单文本可视化、文本集合可视化和时序性可视化。文本可视化的工作流程涉及三部分:文本信息挖掘、视图绘制和人机交互,如图 5.33 所示。文本可视化是基于任务需求的,因而挖掘信息的计算模型受到文本可视分析任务的引导。可视和交互的设计必须在理解所使用的信息提取模型的原理基础上进行。

图 5.33 文本可视化流程

在文本信息挖掘层次,需要依据文本可视化的任务需求,分析原始文本数据,从文本中提取相应层级(词汇级、语法级或语义级)的信息,例如文章的关键词等。通常,文本信息挖掘包括以下三方面:

1. 文本数据的预处理

文本信息的提取通常基于文本内容进行,然而,原始文本存在着无用甚至干扰的信息。以英文单词为例,单词的单复数变化、词性变化等都会影响文本的信息度量。此外,原始文本数据的格式亦是多种多样的。因此,采用文本数据的预处理方法可有效过滤文本中的冗余和无用信息,提取重要的文本素材。

2. 文本特征的抽取

文本分析任务需要相关的文本特征来度量,可采用文本挖掘技术提取任务所需要的特征信息,例如,词汇级的关键词、词频分布,语法级的实体信息,语义级的主题等。

3. 文本特征的度量

在有些应用环境中,用户可能会对在多种环境下或从多个数据源所抽取的文本特征的深层分析感兴趣,例如,文本主题的相似性、文本分类等。基于度量特征的相似性算法、聚类算法等可应用于本阶段来进一步度量文本的信息。其中,向量空间模型是最常用的方法。

视图绘制这一阶段将文本挖掘所提炼的信息变换为直观的可视视图。在其辅助下,用户可以快速地获取信息。视图绘制涉及两方面:图元设计和图元布局方法。优秀的图元设计需要准确无误地承载文本的信息特征,图元布局则要求有效而不失美感地布局图元,使得可视表达符合人类的感知。人机交互则是关于用户如何生成视图和满足分析需求而操作视图的技术。

5.5.2 文本内容可视化

文本内容可视化是一种以文本内容作为信息对象的可视化方法。一般而言,对文本内容的可视化包括关键词、短语、句子以及主题等表达形式。文档集合的可视化涵盖了层次性文本内容,而时序性文本集合的可视化则考虑到文本内容的时序性变化。本节将介绍基于关键词和主题的单一文本、文档集合,以及时序性文本集合的可视化方法,有关基于时序性文本集合的可视化方法的详细内容详见第5.1节。

1. 基于关键词的文本内容可视化

关键词是从文本的文字描述中提取的语义单元,能够反映文本内容的重点。关键词可视化是指以关键词为单位,通过可视化方式来呈现文本内容。关键词的提取原则多种多样,其中常见的方法之一是词频,即越是重要的单词,在文档中出现的频率越高。

标签云是关键词可视化技术中最简单且常见的方法。它直接提取文本中的关键词,并按照一定的顺序、规律及约束,整齐美观地排列在屏幕上。由于关键词在文本中的分布存在差异,有些关键词具有较高的重要性,而有些则较低。标签云通过颜色和字体大小来反映关键词在文本中的分布差异。例如,可以利用颜色或字体大小,甚至它们的组合来表示关键词的重要性。通常情况下,重要性较高的词汇会显示为较大的字体或更显著的颜色,反之亦然。标签云可视化将经过颜色(或字体大小)映射后的字词,按照其在文本中原有的位置或采用某种布局算法进行放置。

Wordle 是另一种广泛应用的标签云可视化技术。与标签云方法相似,Wordle 通过使用颜色和字体大小来映射关键词的重要性。不同之处在于,Wordle 在空间利用和美学欣赏方面进行了改进。用户可以自定义画布填充区域的形状,如正方形、圆形或花瓶形状等。为了在满足画布约束的同时提高空间利用率,Wordle 改进了关键词的布局算法。首先,Wordle 定义了空间填充的路径,并将每个单词的初始位置设置为路径的起点,然后,按降序查找每个单词的位置。这种路径的多样性使得 Wordle 能够实现各种美观的布局效果。图5.34 所示为 Wordle 的可视表达结果,其中关键字按字母顺序排列。而图5.35 则根据关键词的权重大小采取半对半的垂直或水平布局,以更好地凸显关键词的重要性。这种改进的可视化方法不仅使信息更易于理解,同时也提供了更具吸引力的外观,使用户能够更直观地获取关键信息。

图 5.34 Wordle 可视化表达的内容

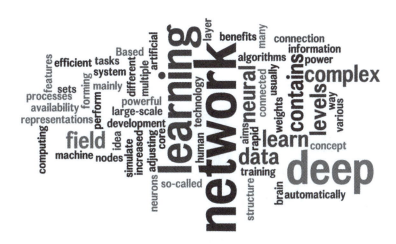

图 5.35 采取权重半对半的水平或垂直布局的 Wordle 可视化结果

在词汇数据库中,DocuBurst 将单词频率与人类创建的结构相结合,创建一个反映语义内容的可视化。DocuBurst 是一种径向的、填充空间的下义词布局(IS-A 关系),覆盖了感兴趣文档中单词的出现计数,通过径向布局体现了词的语义等级,以提供不同粒度级别的可视化摘要。交互式文档分析支持几何和语义缩放、对单个单词的可选择关注,以及对源文本的链接访问。如图 5.36 所示,外层词是内层词的下义词,颜色饱和度的深浅用来体现词频的高低。

2. 文本特征的分布模式可视化

除了关键词、主题等总结性文本内容外,文本可视化还能够用于展示文本特征在单个文档或文档集合中的分布模式,例如关键词、句子的平均长度和词汇量等。用户也关心语义单元(如单词、短语等)在文章中的分布信息。

t-SNE 是一种非线性降维技术,主要用于高维数据的可视化。t-SNE 通过将高维数据点嵌入到低维空间(通常是二维或三维),并保持原始数据点之间的局部邻近关系,使得在低维空间中相似的数据点依然相近,而不同的数据点则分散开。图 5.37 利用 t-SNE 技术将文本和图像表示进行可视化分析。

彩色图片

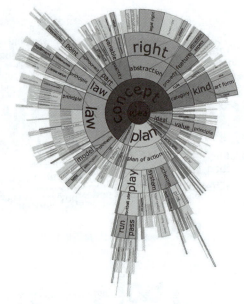

图 5.36 DocuBurst 方法

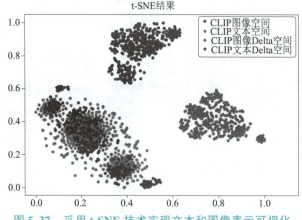

彩色图片

图 5.37 采用 t-SNE 技术实现文本和图像表示可视化

为了更好地理解可视化和文本叙述之间的细粒度的相互作用,图 5.38 根据文本内容在故事中的作用以及文本的不同部分与可视化之间的联系来对文本内容进行深入分类。图 5.38 显示了集合中的故事流程(从左到右)和结构。每个矩形都对应于一个句子或一个可视化变量,并根据它所消耗的空间进行缩放。为了获得两种表示的空间消耗规模,将可视化的大小(像素)转换为适合相同空间的单词数。图 5.38 中根据文本和可视化的不同比例,将所有的故事分为三组。14 个故事由可视化主导,可视化占据了总内容的 60% 以上。5 个故事(A02、A03、A04、B06、B08)以文本为主导地位,包含了 60% 以上的文本内容。只有 3 个故事(A01、A04、B01)是平衡的,因为它们包含的文本内容在 40%~60% 的范围内。

从图 5.38 还可以看出研究内容的排列和顺序。每个故事由一系列句子编码类型(标题、数据驱动、文本和可视化-文本链接)和可视化的矩形表示。其中,标题矩阵用黑色表示,数据驱动矩阵用绿色表示,文本矩阵用蓝色表示,可视化-文本链接用橘色表示,可视化矩阵用黄色表示。每个矩形的宽度编码了一个句子的大小(字数)或一个可视化(相当于估计的字数)。白色空白表示段落间距。如果一个句子有多个代码,矩形会被垂直(平均)划分。所有的故事都以一个标题开始,并且大部分(22个标题中的18个)被组织在多个部分中,如进一步的标题所示。可以从图5.38的空白空间中观察到,它映射到段落之间的间距,大多数故事也使用段落来进一步划分文本结构。然而,多样性是显而易见的,例如,A11中没有使用章节和段落,A05的细粒度章节结构以及B01中的大多单句段落。

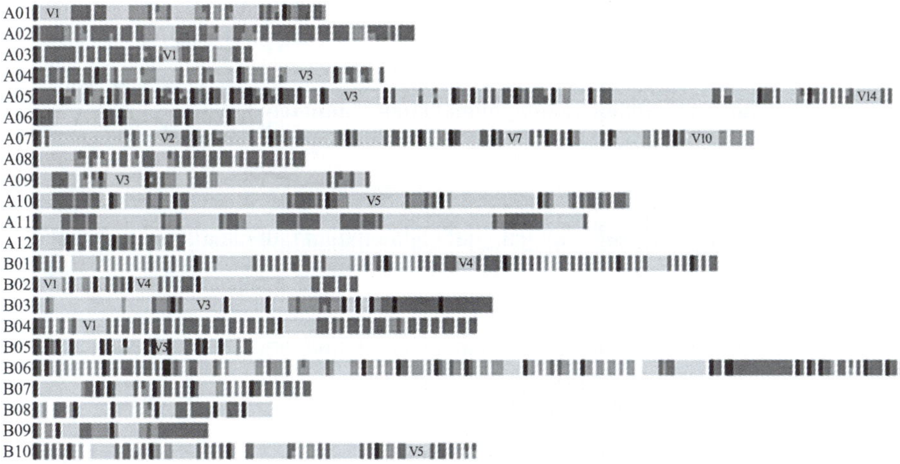

图 5.38　故事的流程和结构

3. 情感分析可视化

文本信息不仅可以通过主题、关键词等方式表达,还包含了描述人类主观喜好、赞赏和感觉的情感信息。情感分析通常应用于论坛用户发言、社交网络、微博数据,以及各种调研报告等文本。情感分析的挖掘技术能够提取文本中的主观性信息,并将其转化为一个区间分数,其中一端表示积极倾向,另一端表示消极倾向。情感分析可视化则以图形方式呈现文本中蕴含的用户情感倾向性信息,包括用户主观性评价的对象、对象的属性、用户的意见倾向,以及其他根据可视化任务而定的信息。

图5.39是基于矩阵视图的客户反馈信息的可视化实例,其涉及的信息包括评价对象、评价的属性和参与评价的客户人数三类信息。其中的行是指文本(用户观点)的载体,列是用户的评价,颜色表达的是用户评价的倾向程度,红色代表消极,蓝色代表积极,透明度代表不同程度的评价,每个方格内的小格子代表用户评价的人数,评价人数越多小格子越大。

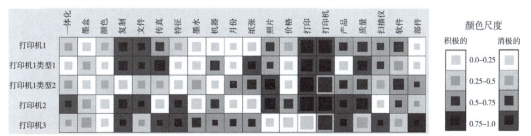

图 5.39　基于矩阵视图的客户反馈信息的可视化实例

4. 文档信息检索可视化

在进行信息检索时，利用可视化方法辅助用户了解检索结果、揭示结果的分布规律，可以显著提升用户的搜索体验，并有助于评估搜索结果。常见的可视化检索细节包括展示检索文档、查询项的相似性以及涉及检索文档的词汇等。

图 5.40 结合折线图和饼状图两种视图，分析文献推荐系统在历年的发表情况和所占的各学科分布比例。

彩色图片

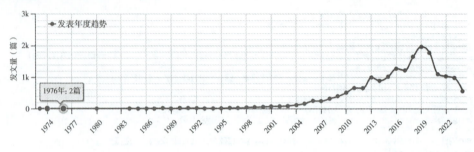

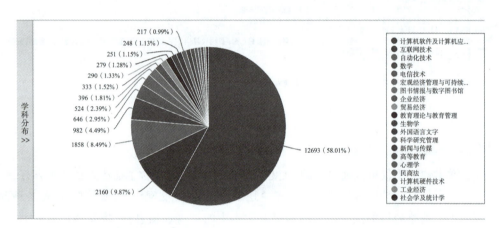

图 5.40　知网通过折线图和饼状图反映主体为推荐系统文献发表情况

图 5.41 所示为中国知网高级检索界面图。中国知网(CNKI)是中国最大的学术文献数据库，提供丰富的文献检索功能。其搜索界面包含多个关键部分：中央的搜索栏允许用户输入关键词并设置详细的搜索条件，如主题、作者和文献来源。用户可以选择使用逻辑关系(如 AND、OR)组合搜索条件，并勾选"OA 出版""同义词扩展"等选项以获取更多相关文献。高级检索功能提供更精确的文献筛选，允许用户设置多个搜索条件和时间范围(如近一年、近五年等)。在搜索结果页，用户可以通过分类筛选栏进一步筛选结果，包括"总库""中文""外文""学术期刊""学位论文"等类别。此外，界面右上角提供帮助中心和客服联系方式，方便用户在遇到问题时寻求支持。页脚部分则包含关于 CNKI 的详细信息和相关服务链接，如下载服务、隐私政策等。通过这些全面的功能，用户可以高效地检索和获取所需的学术资源。

5. 软件可视化

软件可以看成一种特殊的文本。对软件设计、软件系统及代码进行可视化一直是可视化领域的研究热点之一。在软件系统的生命周期中，源代码会被多次更改。CVSscan 是一个软件工具，旨在帮助开发人员深入了解软件系统源代码在生命周期中的变化。图 5.42 所示为变化代

图 5.41 知网信息检索的界面

码的面向线的显示,其中每个版本由一列表示,水平方向表示时间。图 5.42 所示为通过 65 个版本进行的文件演化的 CVSscan 可视化。颜色编码行状态:绿色表示常数,黄色表示修改,红色表示删除修改,浅蓝色分别表示插入修改。此外,在基于行的布局(底部)中,浅灰色显示插入和删除的片段。基于文件的布局(顶部)清楚地显示了文件大小的演变,并可以发现发生在项目的最后三分之一中的稳定阶段。这里,文件大小与代码清理对应有一个小的减少,然后是与测试和调试相对应的相对稳定的演化。黄色的片段对应于在调试阶段需要重新工作的区域。

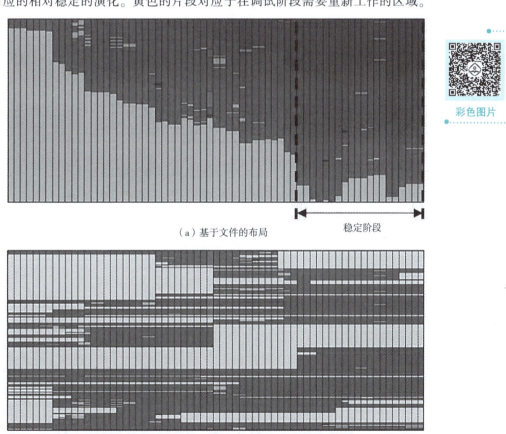

(a) 基于文件的布局

(b) 基于列的布局

图 5.42 CVSscan 方法的行状态可视化

Samoa 是一个移动应用程序的软件分析平台,从结构和历史角度分析了应用程序,并使用可视化技术来显示数据。如图 5.43(a) 所示,Samoa 的用户界面分为五部分:(1) 选择面板,允许用户选择要分析的应用程序,并在所提供的三种不同的交互式可视化之间切换;(2) 指标面板,显示通过选择面板选择的应用程序特定版本的一组指标;(3) 修订信息面板,显示有关应用程序特定修订版的信息(即快照);(4) 实体面板,显示有关焦点目标的数据;(5) 主视图,专用于交互式可视化的主视图:①用于描述某个应用程序的特定修订的快照视图;②用于描述某个应用程序演变的历史视图;③用于同时描述更多应用程序的生态系统视图。如图 5.43(b) 所示,进一步详细描述了快照视图。它使用一个圆形视图来描述应用程序的核心(即类)和它所进行的外部 API 调用,从而呈现应用程序的基本结构属性。核心元素是特定于应用开发的实体(即从移动平台 SDK 的基类继承)。在 Android 应用程序中,它们是在清单中指定的(即一个呈现应用程序基本信息的 XML 文件)。该视图将每个核心元素描绘为一个圆,其中其半径与代码行的值成比例,并且颜色指示其类型(如活动、服务、主要活动)。

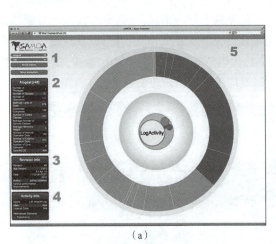
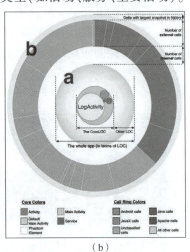

(a)   (b)

图 5.43 Samoa 可视化软件分析系统

5.6 面向领域的可视化

5.6.1 商业智能可视化

在商业、金融和电信等领域,数据蕴含着丰富的商业价值,可以说"数据即业务本身"。更深入地分析这些数据、及时发现商业异常和共性、捕捉市场变化,对于把握企业经营决策的脉搏至关重要。因此,商业智能是将数据分析技术应用于商业系统中,以实现辅助决策功能的一系列概念和方法。商业智能是各个互联网、移动通信、在线商业和运维部门的核心研究目标,而围绕商业交易数据的可视化也是备受关注的研究话题。

商业智能涉及获取相应模型和算法,并将其结果分解为具有实际指导意义的信息。商业分析包括数据挖掘、预测分析、应用分析和统计。总的来说,商业分析是组织开展商业智能整体战略的一个环节,其目标是回答具体查询,并为决策或规划提供清晰的分析。然而,商业分析并非线性的过程,因为解决一个问题可能引发出后续问题,需要反复迭代。正确的做法是将这个过程视为一个由数据访问、发现、探索和信息共享环节构成的循环。在整个循环过程中,可视化技术起到辅助决策分析的关键作用。

例如,美国加州大学戴维斯分校和电子商务网站 eBay 合作共同研究了基于网页点击流数据的可视化分析。在图 5.44 中,(a)是一系列点击流的可视化结果,每条点击流是一个长形的颜色条,颜色与点击内容的对应关系(目录、标题、图片、描述、出售、支付和浏览等)在(b)中列出,(c)展现了单条被选中的点击流,(d)中的直方图给出了对应聚类的统计信息。分析者使用交互的套索工具将相似模式的客户进行分组,解析用户行为和结果的关联。

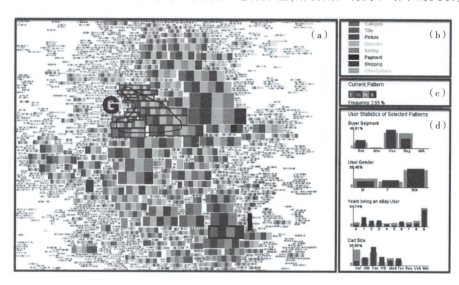

图 5.44　网页点击流可视化界面

5.6.2　社交网络可视化

社交网络是建立在互联网上的人际联系、信息沟通和互动娱乐平台。一些广泛使用的社交网站,如微信、新浪微博等,提供了方便的社交服务。虽然社交网络可以轻松显示网络内的朋友和熟人,但理解社交网络成员之间的链接关系以及这些链接如何影响社交网络仍然是一个挑战。通过对社交网络进行可视化,可以更好地理解这些问题。

社交网络可视化是人们了解社交网络结构、动态和语义等信息的关键工具。由于不同用户对信息的需求不同,可视化结果需要呈现社交网络的多个方面。社交网络可视化方法有很多种,包括结构型、时序型、基于位置信息的可视化等。其中,结构型可视化主要强调展示社交网络的结构,即呈现参与者之间的拓扑关系。常见的结构型可视化方法是节点链接图,其中节点代表社交网络的参与者,而节点之间的链接表示两个参与者之间的各种联系,如朋友关系、亲属关系、关注或转发关系及共同兴趣爱好等。通过对边和节点进行合理布局,可以反映社交网络中的聚类、社区和潜在模式等特性。

例如,北京大学机器感知重点实验室研究的微博事件可视化案例,构建了一个由两个界面组成的系统:一个面向公众用户的基于 Web 的在线可视化界面,以及一个在线包装并提供附加分析功能的离线专家可视化分析系统。在线界面提供了直观、强大的转发树可视化功能,激发了用户的创造力。专家系统采用从 Web 界面收集的公共用户的分析结果,并且可以更深入地可视化和分析微博事件。除此之外,在当今信息时代,社交网络已经成为人们日常生活中不可或缺的一部分。通过分析和可视化社交网络,可以深入理解个体之间的关系、信息传播的路径以及关键人物在网络中的角色。图 5.45 这张图就是一个典型的社交网络可视化表示,它通过图形化的方式展示了网络中个体之间的复杂互动。图中的每个圆圈代表一个个体,圆圈的大小和颜色可能表示不同的属性,例如个体的重要性或类别。圆圈之间的虚线连接表示这些个体之间的关系或互动。图中一些圆圈比其他圆圈大,这些大圆圈可能代表在网络中具有更高连接度或影响力的关键个体。小圆圈则表示一般的个体。不同颜色可能用来区分不同的群体或分类,展示了网络中个体的多样性和复杂性。这张图通过图形化的方式展示了一个复杂的社交网络,直观地反映了网络中个体之间的关系和互动模式。

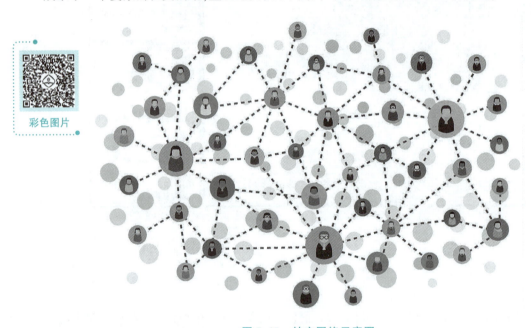

图 5.45 社交网络示意图

5.6.3 交通数据可视化

交通是城市经济发展的动脉,与人们的日常生活息息相关,对城市经济、社会等方面的发展起着至关重要的作用。城市道路、公交、轨道交通等设施成了城市交通的主要方式,但随着经济社会的高速发展和城市化进程的加快,机动车保有量迅速增加,城市交通问题日趋严重。为了缓解城市交通中的各种问题,很多城市都采取多种手段,例如,建设一系列信号控制、卡口监控、视频监控、交通诱导等业务系统,一定程度上改善了交通问题。

现有的大多数交通监测系统都是通过可视化手段为交通问题的发现提供了直观的分析工具,通过可视化展示交通数据,人们可以更直观地了解交通状况,从而采取相应的措施,提高交通效率和安全性。随着技术的不断发展和创新,交通数据可视化的应用场景会愈加广泛,为人们的出行和生活带来更多的便利。如图 5.46 所示,基于北京市 2023 年 5 月的地铁线路客流量数据,结合柱状图的表现形式,可视化轨道交通的客运量人数,通过可视化图可以看到 10 号线人数最多,11 号线和亦庄 T1 线人数最少。

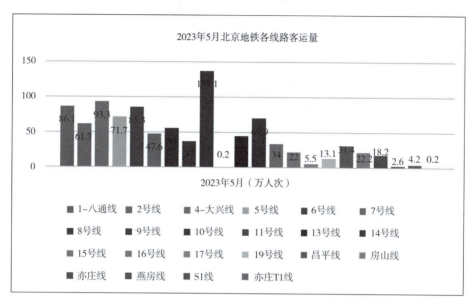

图 5.46　2023 年 5 月北京地铁各线路客运量柱状图

5.6.4　气象数据可视化

气象数据是指通过气象观测、测量和模拟等手段收集到的有关大气和气象现象的各种数值信息。这些数据涵盖了大气中的各种气象要素,包括但不限于温度、湿度、气压、风速、风向、降水量、云量等。

气象数据可视化可以帮助气象学家和研究人员分析气象数据中的趋势,通过图表、图形或地图的形式呈现温度、降水、风速等数据,不仅有助于识别季节性、年度变化,还能提供对长期趋势的深入了解。其中,实时气象数据可视化使气象专业人员和一般公众能够实时监测天气状况,这种实时监测对于天气预报、风险管理和灾害预警至关重要。集成可视化任务中的基于位置和特征的方法可直接应用于气象学。基于位置的方法旨在在固定的位置可视化一个集合的属性,例如包括平均值、标准差图、EFI 图(预期频率指数图)。另一方面,基于特征的技术侧重于从各个集成成员中提取的特征比较可视化,例如,图 5.47 呈现了某地气候的特征图。

5.6.5　高性能科学计算

计算技术和存储技术的进展催生了大规模并行计算的软件和硬件系统的迸发,同时也导致了飞速扩容的计算数据。千万亿次超级计算机提供的强劲计算能力使得科学家可研究更复杂的模型,进行更大规模的模拟计算。例如,国产超算"神威·太湖之光"和"天河二号"千万亿次超级计算机,位列 2023 年 6 月的国际超级计算机 Top500 排行榜的第七、第十位。这

彩色图片

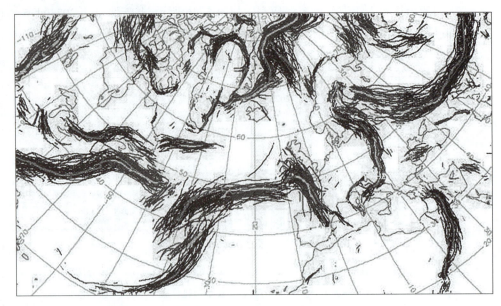

图 5.47　某地气候特征图(红线表示暖锋,蓝线表示冷锋)

类高性能计算机还可用于生物医药、工程仿真、遥感数据处理、天气预报和气候模拟等领域,为提升我国科研实力提供了不可或缺的关键技术保障。

随着高性能计算机技术的突破,科研人员可构造高精度的数学模型,通过科学计算来模拟不同的社会和自然现象。高性能科学计算的应用通常产生大规模科学数据集,其中包含高精度和高分辨率的体数据、时变数据和多变量数据。一个典型的数据集可包含十至上百太字节(TB)的数据。如何从这些庞大复杂的数据中快速而有效地提取有用的信息,成为高性能科学计算发展中的一个关键技术难点。在解决这个技术难点的众多可行性方案中,科学可视化通过一系列复杂的算法将数据绘制成高精度、高分辨率的图片。同时,科学可视化的交互工具允许科学家实时改变数据处理和绘制算法参数,对数据进行观察和定量或定性分析。这种可视化分析手段有效地结合了科学家的专业领域知识,利于从大数据集中快速验证科学猜想并获得新的科学发现。

例如,图 5.48 所示为模拟云层数据的可视化结果,这幅图展示了云层在一个半小时内的变化。图中使用了不同的颜色来表示不同的云层厚度。图像从左到右依次展示了云层随时间的变化过程,红色区域可能代表云层最厚,而由绿色往蓝色变化代表颜色越深,云层越厚。通过观察这组图像,可以分析云层分布和移动的趋势。

彩色图片

图 5.48　地球云层可视化

小　结

本章主要介绍了数据可视化的方法,分别从时变数据、空间数据、地理数据、层次网络数据和文本文档数据五方面介绍了专业的数据可视化方法,这些可视化方法都是目前相关方向的代表性方法。通过本章的学习,读者可以掌握不同可视化方法的特点,能够根据不同的可视化需求选择或设计不同的可视化方法。

习　题

一、选择题

1. 在主题河流图中,每一条河流代表一个(　　　)。
   A. 主题　　　　　B. 数据类型　　　　C. 数值大小　　　　D. 数值比例
2. 以下不属于二维空间标量场的基本方法的是(　　　)。
   A. 地图上的等高线　　　　　　　　B. 天气预报中的等温线
   C. 天气预报中的等压线　　　　　　D. 地球重力场
3. 天气预报降雨量可视化用到的是(　　　)数据的可视化。
   A. 点　　　　　B. 线　　　　　C. 面　　　　　D. 体
4. 网络数据可视化的表达方式不包括(　　　)。
   A. 节点-链接法　　　　　　　　　B. 相邻矩阵布局
   C. 层次布局　　　　　　　　　　　D. 混合布局
5. 旭日图也称为(　　　)。
   A. 复合饼图　　　B. 环形树状图　　　C. 多层饼图　　　D. 圆环图

二、填空题

1. 对时间属性的刻画包括三种方式,分别是_____、_____、_____。
2. 三维标量场数据的可视化方法最常用的三类是_____、_____、_____。
3. 根据形状的不同,树状图可分为四类,分别为_____、_____、_____和_____。
4. 面积图可显示某时间段内_____,常用来显示趋势,而非表示_____。
5. 最基本的线数据可视化通常采用_____的方法。在绘制连线时,通常可以选择采用不同的可视化方法来达到最好的效果,如_____、_____、_____和_____都可以用于表示各种数据属性。当然,也可通过对线段的变形来精确计算放置的位置,减少线段之间的_____,增加可读性。

三、简答题

人类微生物组计划花两年时间在242名健康人的不同身体部位调查细菌和其他微生物,主要数据包括生活在人体内的复杂微生物组合的遗传分类关系以及微生物在人体不同部位出现的频率。针对以上数据类型,应该采用哪种可视化方法对该数据进行可视化展示?说出方案,并简要阐述选择该方案的原因。

第6章 数据可视化综合应用案例

学习要点

(1) 数据可视化系统的完整设计流程。
(2) 实际的可视化案例及分析过程。

知识目标

(1) 理解数据可视化系统的设计流程。
(2) 掌握分析需求并设计对应功能的方法。
(3) 理解数据可视化系统整体框架的构建方法。
(4) 掌握不同功能对应视图的实现方法。

能力目标

(1) 理解数据可视化系统的整体实现方式。
(2) 掌握每个功能对应视图的分析方法。
(3) 掌握建立数据可视化综合应用系统的方法。

本章导言

第1~5章具体介绍了可视化的各方面知识,如何把前面介绍的知识与方法和实际应用结合起来,完成一个完整的综合可视化系统是本章重点解决的问题。本章将通过面向公交出行的可视化交叉检索系统和面向学生校园大数据的可视化分析系统两个应用实例,从需求分析、主要功能、整体框架、视图设计和案例分析等多个方面详细介绍可视化系统设计的整个过程。

6.1 面向公交出行的可视化交叉检索系统

6.1.1 需求分析

随着城市公共交通网络的不断完善,便捷、实惠的公交车和地铁出行日渐成为市民交通出行的首选方式。同时，大量人口涌入城市，随着公共交通客运量的飞速增加，为了避免公共交通场所内的异常出行情况，交通管理部门经常基于已有的线索与出行数据库进行交叉检索来获取更多的线索，但是庞大且繁杂的刷卡数据信息给工作人员的检索工作带来了极大的阻碍。因此，如何快速且高效地从公共交通出行刷卡数据中检索出有用的信息是亟待解决的问题。

6.1.2 主要功能

通过交通管理部门开展大量的需求分析、调研工作，将系统需要完成的主要功能梳理如下：

(1) 时空特征检索。在时间、空间以及出行特征属性的约束条件下自主圈定检索范围。

(2) 关联团体的探索。在公共交通出行异常个体中，有的具有团伙作案的嫌疑，而正常乘客出行有时也具备一定的联系，如何从可视化层面区分正常出现个体和异常出行个体并描绘他们之间的关联及关联强度是本次设计要解决的第二个任务。

(3) 个体出行特征探索。在检索到符合约束条件的出行乘客卡号后，如何让用户以一种直观、交互、联动、全面的方式探索所感兴趣的正常或异常个体的出行特征分布情况是本次设计的第三个任务。

(4) 支持多维属性的交互联动可视化探索。

(5) 进一步甄别可疑异常 IC 卡是否为真异常卡，以及可视化如何在探索特定 IC 卡活动区域的同时寻找与其相关联的团体，实现多视图交互探索特定 IC 卡号出行信息的方法，从时间规律、进出站点规律、轨迹分布情况及载具偏好等方面直观地进行特定 IC 卡号出行数据的可视化分析。

6.1.3 整体框架

为了直观且快速地检索出公共交通中的异常出行个体，设计一种公共交通异常出行可视化时空特征检索方法。该可视化检索方法可以根据已经掌握的时间、地域、出行特征线索检索出可疑 IC 卡的出行规律，以及异常个体与团伙的关联情况。本案例设计的可视化时空特征检索视图主要由公共交通检索图和检索结果显示视图两个主要部分组成，其中公共交通检索图是检索约束条件的可视化输入区块。同时，本案例结合案件侦查业务需求，总结了四方面的可视化分析任务，包括时空特征检索、关联团体的探索、个体出行特征探索和支持多维属性的交互联动可视化探索，并在进行交通出行关键特征提取的基础上，设计了可视化时空检索模块、乘客出行关联分析可视化模块，以及乘客出行轨迹可视化模块三个可视化模块。公共交通可视化时空特征检索可视化分析流程如图 6.1 所示。

(1) 可视化时空检索模块。该模块集任意选取不同时间、空间、属性功能为一体，检索符合约束条件的特定出行数据。

(2) 乘客出行关联分析可视化模块。该模块集平行坐标系、关联图、条形图的展示方式为一体，包括乘客出行特征分布、关联分析、目标个体选定和正常/异常样本库的构建。

(3) 乘客出行轨迹可视化模块。为了展示选定乘客出行的时空特征，本案例采用时空立方体来呈现其三维出行轨迹和起点–终点(origin-destination, OD)空间分布的异同。

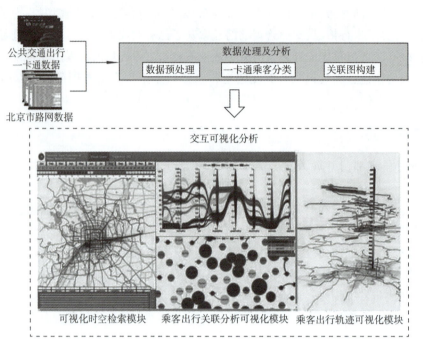

图 6.1 公共交通可视化时空特征检索可视化分析流程

为了进一步甄别可疑异常 IC 卡是否为真异常卡,以及可视化如何在探索特定 IC 卡活动区域的同时寻找与其相关联的团体,根据实际需求,将多视图交互探索特定 IC 卡号出行信息可视化分析部分分为两大模块:数据预处理及分析模块和可视化设计模块,如图 6.2 所示。在数据预处理和分析模块中,基于数据处理,对出行个体的进出站点数据进行预处理、出行特征值进行加工以及提取了地铁和公交车的线路,为第二模块的可视化视图做准备。在可视化设计模块中,为了便于进一步探索分析特定 IC 卡的出行信息,根据交通出行特点设计并编程实现了五个可视化视图,包括乘客进出站点弦图、乘客出行二维轨迹热力图、乘客三维时空出行轨迹图、乘客出行时间像素矩阵和乘客交通工具线路气泡图。

(1)乘客进出站点弦图,探索进出站点的情况;基于弦图的特点从区域出行规律的角度可视化特定 IC 卡号最近 1 个月内乘客进出站点情况,以便研究者观察研究对象或公安刑侦部门探索可疑目标出行站点情况。

(2)乘客出行二维轨迹热力图,聚焦在特定 IC 卡出行轨迹的频繁度,用于辅助三维轨迹视图和其他视图来提高结论的准确性。

(3)乘客三维时空出行轨迹图,聚焦在特定 IC 卡的时空出行情况,包括出行轨迹、出行特征分布及关联卡排名三部分。

(4)乘客出行时间像素矩阵,通过像素矩阵图上不同意义的像素块的排布,展示特定多张或单张 IC 卡一个月城市公共交通出行的时间分布情况。研究人员可以直观地观察到数据的分布、规律和特例等信息。

(5)乘客出行载具线路气泡图,采用气泡图的可视化方式对乘客出行载具线路情况进行展示。

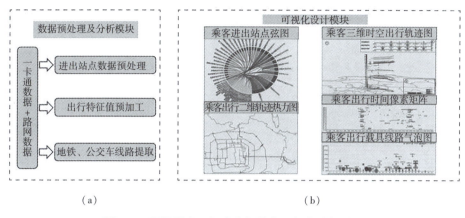

图 6.2　多视图交互探索出行信息可视化分析流程

6.1.4　视图设计

本节将详细地介绍各个视图的功能及设计方案。

1. 可视化时空检索模块

（1）时空约束下的可视化检索。乘客出行模式具有时间性，鉴于此，设计了两种时间选择方式支持多个时间段的选取，包括两个重要部分：时间窗口（见图 6.3）和时间环（见图 6.4）。时间窗口由月份、日期和时间三部分组成，每种时间选择窗口模式对应各自的时间选择器。对于时间环，公共交通运营时间为 4：00—24：00，即乘客的出行时间范围，在时间环上进行时间段选择时，不同颜色对应各自颜色的圈选区域和时间窗口上的时间。

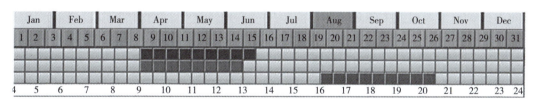

图 6.3　时间窗口

（2）空间约束下的可视化检索。设计可以任意形状圈选研究区域的套索工具——区域多边形套索，包括区域圈选和箭头指示两部分，根据实际需求使用自定义区域多边形套索圈选感兴趣的研究区域，如图 6.5 所示。

（3）特征约束下的可视化检索。实现多种出行特征属性约束下的可视化检索，设计了可伸缩滑动条方式对出行特征的值范围进行选择，如图 6.6 所示。

图 6.4　时间环

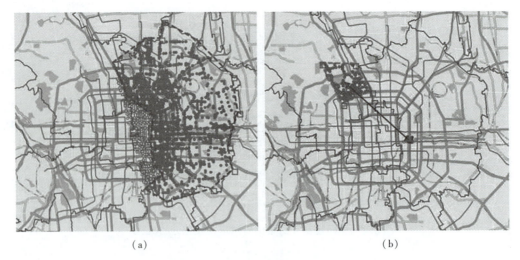

图 6.5　空间约束下的可视化检索

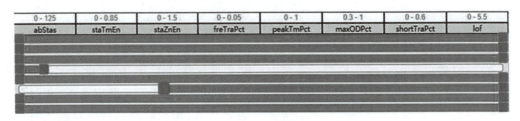

图 6.6　特征约束下的可视化检索

(4)多源约束整合下的可视化检索。从不同方面综合探查其出行线索,包括出行时间、出行站点、出行区域和从 O(出发地)到 D(目的地)的交通路线等,设计基于多元约束整合下的可视化检索,从时间、空间和出行特征出发,自主筛选特定目标研究对象可能停留的时空活动范围,进而得出嫌疑人集合,缩小侦查范围,如图 6.7 所示。

2. 乘客出行关联分析可视化模块

乘客出行关联分析可视化模块集合了平行坐标系、关联图和条形图的展示方式,包括乘客出行特征分布、关联分析、目标个体选定和正常/异常样本库的构建。

如图 6.8 和图 6.9 所示,该可视化模块采用关联图的形式。每个圆代表一个出行个体,圆上的数字是乘客出行所使用的卡号,圆的大小表示出行乘客出行异常程度大小,圆的颜色表示该出行乘客所属组别,与上方的图注对应。圆两两之间的连线代表它们是否存在关联,连接线的粗细代表乘客两两之间关联强度的大小,即出行模式相似性的大小。

3. 乘客出行轨迹可视化模块

为了展示选定乘客出行的时空特征,本案例采用时空立方体来呈现其三维出行轨迹和 OD 空间分布的异同。

如图 6.10 所示,时空立方体的底部平面二维图采用电子地图,中部的纵轴指示一天的 24 小时,每小时一次颜色渐变将时间区分成凌晨—白天—晚上。轨迹颜色代表不同的卡号,每一条轨迹线代表该出行个体的一次出行途径。用户可以通过拖动、旋转、放大缩小的方式进行微观或宏观探查,以便全方位地探查出行轨迹的时空变化。

第 6 章 数据可视化综合应用案例

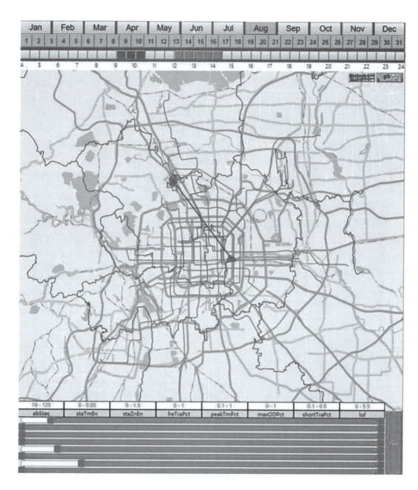

图 6.7 多源约束整合下的可视化检索

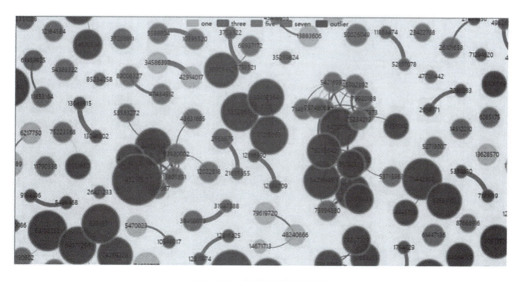

图 6.8 整体出行关联图

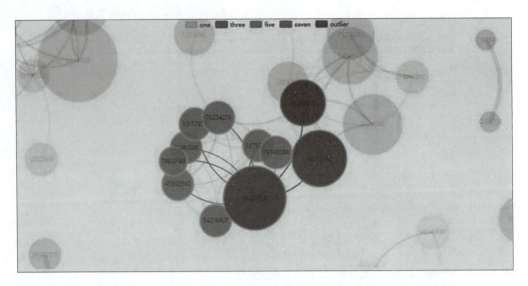

图 6.9　局部出行关联图

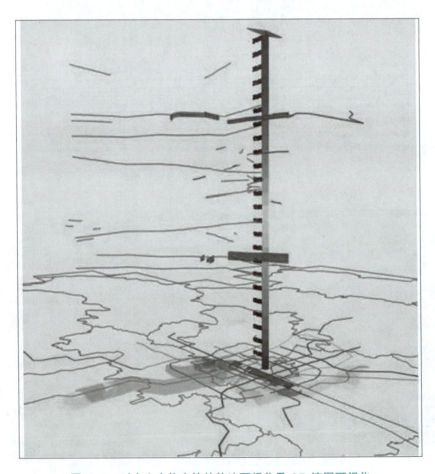

图 6.10　时空立方体支持的轨迹可视化及 OD 流图可视化

4. 乘客出行时间像素矩阵

传统的像素矩阵是把一个平面平均分成有限个像素块,对横轴和纵轴都赋予不同的含义,每个像素块都代表一个数据项,数据块的颜色根据相关度量值而定。本案例采用像素矩阵展示特定多张或单张 IC 卡一个月城市公共交通出行的时间分布情况,如图 6.11 所示。其中,横轴代表一天的 24 小时,按分钟计算,格式为 HH:MM;纵轴代表一个月的天数。像素块的颜色代表该数据项归属的 IC 卡,不同的颜色代表不同的 IC 卡,图 6.11 中展示的是卡号为 15308241(绿色)、49975974(红色)和 30527790(紫色)的卡在时间上的像素矩阵分布情况,其中不同于这三种颜色的像素块属于时间重叠区域。两张卡时间上出行越相似,重叠区域越多,可以通过点亮或熄灭视图顶部卡号指示图标来切换观察不同卡号出行的像素矩阵分布情况。

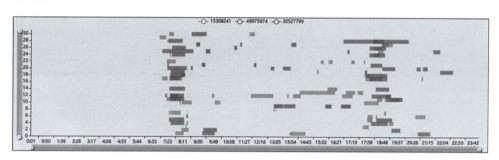

彩色图片

图 6.11　像素矩阵支持交互式探索乘客出行时间

5. 乘客三维时空出行轨迹图

与图 6.10 中出行轨迹可视化类似,乘客三维时空出行轨迹图聚焦于特定 IC 卡的时空出行情况。如图 6.12 所示,不同颜色指示其所属不同的 IC 卡号,三维轨迹用于查看乘客在时空下的出行情况。右上方的出行特征分布用于观察不同卡号在多个出行关键性特征下的特征分布情况(abStas 为隐患站点个数、staTmEn 为站点时间熵值、staZnEn 为站点片区熵值、freTraPct 为频繁出行频率、peakTmPct 为高峰时段访问频率、maxODPct 为最频繁出行路径比重、shortTraPct 为短途出行比重、lof 为异常指标值),从出行特征角度判别两两卡号出行相似情况,圆形的大小代表特征值的大小。图 6.12 右下方关联卡排名用来指示该颜色所属 IC 卡号的关联卡排名,从下至上,关联度递减,颜色条的长度代表关联度的大小,相同颜色的卡号为该颜色代表的卡号的关联卡群。

6. 乘客出行载具线路气泡图

当需要具体锁定目标时,不仅要知道其在时间、空间及出行特征方面的分布规律,而且要知道其在哪些站点、哪些车次上的出现概率比较大,这样相关人员才能合理地采取措施。因此,乘客出行乘坐交通工具的线路和频次也是本案例可视化的重点之一。本案例采用气泡图的可视化方式对乘客交通工具线路情况进行展示,如图 6.13 所示。其中,横轴代表某个月的 31 天,纵轴代表在载具上的停留时间,停留时间越长,气泡上升得越高。不同颜色的气泡代表不同出行乘客搭乘某趟地铁或公交车,气泡的大小代表乘坐该交通工具的频次,频次越多,气泡越大。

彩色图片

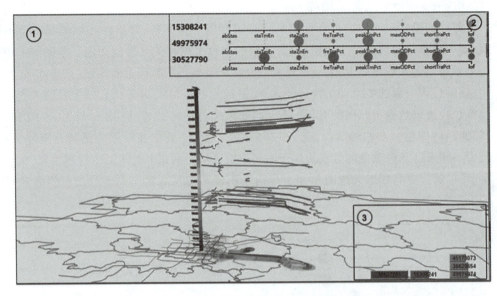

图 6.12　乘客三维时空出行轨迹图

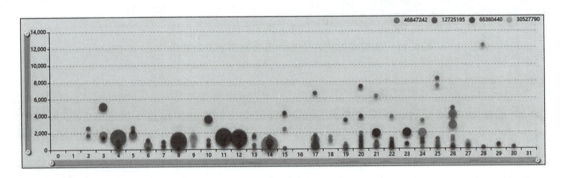

图 6.13　乘客出行载具线路气泡图

7. 乘客出行二维轨迹热力图

乘客出行二维轨迹热力图可以简单明了地观察乘客的活动区域情况，从平面区域角度探查乘客之间出行的相似情况和异常情况，不同颜色代表不同的出行乘客，轨迹热力图的深浅代表该轨迹使用频繁程度。图 6.14(a)所示为三张不同 IC 卡的出行情况，绿色卡和红色卡具有访问区域交接的特点，而紫色卡是一张正常通勤卡。图 6.14(b)所示为红色卡和绿色卡出行轨迹重叠的特点。图 6.14(c)和图 6.14(d)分别单独展示一张正常通勤卡和异常通勤卡的二维出行轨迹热力图分布。此外，该视图支持可视范围放大、缩小及移动等交互操作，以便观察者能更好地进行乘客出行二维轨迹的探索。

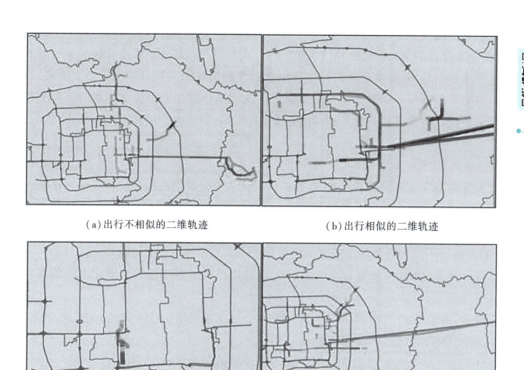

(a) 出行不相似的二维轨迹　　　　　(b) 出行相似的二维轨迹

(c) 正常卡出行二维轨迹　　　　　　(d) 异常卡出行二维轨迹

图 6.14　乘客出行二维轨迹热力图

6.2　面向学生校园大数据的可视化分析系统

6.2.1　需求分析

随着《促进大数据发展行动纲要》《教育信息化 2.0 行动计划》《国家教育事业发展"十四五"规划》等文件的发布,教育大数据挖掘成了一个涉及教育学、统计学,以及计算机科学等多个学科的热门交叉研究领域。考虑到学生作为整个教育教学过程的主体且校园学生之间的社交关系与他们的心理健康和学习成绩密切相关,学生的社交关系分析自然成了研究热点之一。通过分析学生的社交关系,挖掘行为模式与学业成绩等教育目标的相关性,可在支持教育者对学生因材施教、提升人才培养质量、加强心理辅导等方面提供重要的技术支撑。因此,如何帮助研究人员从海量的教育数据中挖掘潜在的知识规律,以高效地支撑教育教学过程中各类问题的解决是本系统重点解决的问题。

近年来,校园中广泛应用的信息系统可为有效挖掘学生间的社会互动提供重要的数据支撑,学生在校园的各种行为数据被记录和存储,如餐饮行为、购物行为、建筑进入行为等。已有的校园数据分析的研究工作中,大多是采用单一数据源完成特定的数据挖掘任务,如贫困生发现、成绩预测等,没有很好地利用校园大数据。因此,有必要充分利用多源异构学生行为数据,探索数据中隐藏的学生间高阶社区关系,从地点、日期和时间三个维度分析学生间的共现状况。基于这些信息,教育从业人员可以采取针对性的措施深入挖掘学生的社交关系,进而用于提升教育教学质量和保障学生身心健康。在这些海量数据中寻找学生间的社会关系并挖掘其学习行为具有重要研究意义和应用前景。

6.2.2 主要功能

学生之间存在复杂的高阶关联关系,现有的可视化和校园数据挖掘系统都无法满足基于多源异构数据的学生间复杂关联关系分析的需求。为解决以上问题,本系统基于学生的校园时空行为数据构建了学生的关联关系网络,并通过 Louvain 算法发现所构建的社交网络的层次社区结构,然后利用四个联动的交互视图将发现的结果可视化。主要功能如下:

(1)提出了一种交互式可视分析方法 ViSSR,以帮助教育者直观地探索学生之间的高阶社区社会关系。

(2)设计了一个层次超图视图,展示了隐藏在社会网络中的层次社区结构,使教育工作者可以清晰地理解不同社区的层次整合过程。

(3)提出了一种矩阵视角,帮助教育者定量理解学生的行为特征,并探讨行为特征与学习成绩之间的相关性。

6.2.3 整体框架

本系统的整体可视化方案主要包括数据采集及预处理、社交关系挖掘、可视分析系统和任务分析四部分,整体框架如图 6.15 所示,以下将逐一介绍该框架包含的四个模块。

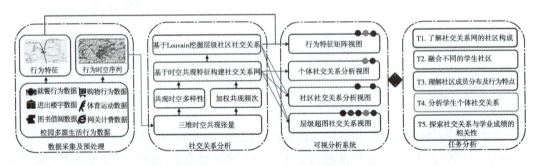

图 6.15 可视分析方法框架

1. 数据采集及预处理

为了挖掘学生的社交关系,本系统收集了校园内各种类型的生活行为数据,如消费行为数据、构建进入行为数据、网关登录行为数据等,从而构建了学生的时空活动序列。由于这些不同类型的活动数据以不同的格式分别存储在自己的数据库中,因此首先使用数据提取-转换-加载(ETL)工具将所有这些数据聚合到一个数据仓库中,然后以统一的格式对所有位置和时间戳进行编码。基于预处理数据,可以很容易地构建每个学生的校园活动轨迹,并提取其行为特征。除了行为数据,学生的基本信息,如性别、宿舍、课程成绩也被收集。其中,通过计算每个学生的平均绩点,将成绩分为差、合格、中等、好、优秀五个类别。

2. 社交关系挖掘

学生之间的关联关系可以从他们的时空活动序列中获得的共现信息中推断出来。考虑到校园中空间位置相对有限的特点,系统设计了一种新的三维张量来表示由位置、日期和时间组成的共现信息。基于三维张量,采用基于多样性和加权频率两个共现特征的线性回归算法计算两个学生之间的关联强度,从而构建学生之间的关系网络。此外,通过Louvain算法实现了学生层级社区关联关系检测。

3. 可视化分析模块

为了帮助教育者直观地理解所挖掘的社交关系,共设计了四种可以联动的可视化视图。其中,层次超图视图说明了社区结构和层次整合过程,社区分析视图显示社区的社会特征包括社会成员分布和活动时间分布,个人分析视图显示个人学生的社会特征,矩阵视图显示学生的行为特征和学业表现。

4. 分析任务

用户通过与可视视图的交互操作就可以开展任务分析,两者的对应关系采用颜色进行编码。例如,用户通过与层级超图视图的交互操作可以理解社交关系网中的社区构成以及不同社区的逐层融合过程,以支撑学生团队建设;通过与层级超图视图、社区分析视图以及行为特征矩阵视图的交互操作可以理解每个社区的形成原因及特点;通过与层级超图、个人社交关系分析视图以及行为矩阵视图的交互操作可以了解每个学生个体的社交特点及行为特征;通过与全部视图的交互操作可以探索社交关系、行为特征与学业成绩的相关性。

图6.16所示为前端系统界面,共包含五个功能区域,分别是位于页面顶部的查询模块、位于左侧的社交关系层级社区视图、位于右中部的社区社交关系分析视图和个体社交关系分析视图,以及位于右侧底部的行为特征矩阵视图。当用户登录该系统后,可以通过查询模块选择待分析社交关系的学生群体和时间范围,如图6.16(a)所示,单击"查询"按钮后,该学生群体在指定时间范围内的社交关系网就会显示在层级社区视图中,如图6.16(b)所示。对于社交关系网,用户可以继续利用图6.16(c)中的社交强度过滤器以及图6.16(d)中的各类复选框开展进一步分析。当用户选中"社区划分"或者"社区层级融合"复选框后,图6.16(b)中会展示社交关系网的层级社区,同时会显示图6.16(e)中的社区图标。用户单击某个社区图标时,该社区的多维度成员分布会以极坐标堆叠图的形式显示在社区分析视图中,如图6.16(f)所示,同时,这个社区全部成员的行为时间分布会以极坐标散点图的形式进行显示,如图6.16(g)所示。当用户在社交关系网中单击某个学生节点时,该节点及其关联边会高亮显示,同时该学生的社交成员分布和行为时间分布采用与社区分析视图一样的可视组件展示在个体分析视图中,分别如图6.16(h)和6.16(i)所示。行为特征矩阵视图默认显示群体内所有学生的行为特征和学业绩点,如图6.16(j)所示,当用户选择某个学生时,该学生的行为特征会高亮显示。可以看出,该可视分析系统以社交关系网层级社区视图为核心,其他三个视图为辅,支撑用户灵活地分析学生的社交关系和行为模式,并探索两者与学业成绩的相关性。

彩色图片

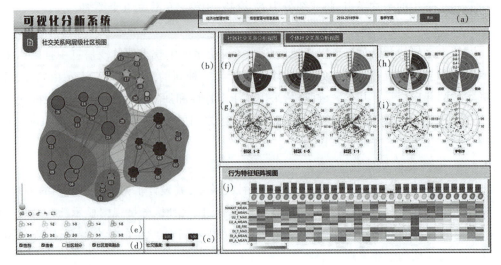

图 6.16　可视化分析系统

6.2.4　视图设计

本节将详细介绍各个视图的功能及设计方案,并给出视图结果,具体阐述每个视图在整个可视化系统中的作用。

1. 社交关系层级社区视图

社交关系层级社区视图作为可视分析系统的核心,包含层级超图可视组件、社交强度过滤器,以及"性别""宿舍""社区划分""社区层级融合"系列复选框。通过这些可视组件,用户可以可视交互的方式分析学生的社交关系。

(1)社交关系网,如图 6.17 所示。

节点–边图结构是常用的社交关系表达方式,为了解决随着节点的增加,这种表达结构愈加混乱无序的问题,Fruchterman 等提出了力引导布局算法。该算法采用力引导布局和弹力能量算子对节点自动分布,在斥力和引力的相互作用下不断地迭代,使得整个网络达到一个平衡的状态,以减少布局中边的交叉。鉴于该算法的优势,本系统采用力引导布局展示学生的社交关系网,如图 6.17(a)所示。其中,节点表示学生,节点旁边的数字表示学号,节点大小表示学生在社交关系网中的重要程度,边的粗细表示学生间社交关系的强弱。通常可以采用度中心度、中介中心度或者接近中心度计算节点的大小。考虑到中介中心度可以衡量学生在社交关系网中的桥梁作用,本系统采用中介中心度衡量节点大小。为了进一步丰富社交关系网中的信息,该视图支持采用节点轮廓表达学生性别,以及采用节点颜色表示学生的宿舍信息,当用户选中"性别"复选框后,具有光滑圆形轮廓的节点代表男性,具有花瓣状轮廓的节点表示女性,如图 6.17(b)所示;当用户选中"宿舍"复选框后,节点则会被涂上不同的颜色,每种颜色代表一个宿舍,如图 6.17(c)所示。当鼠标单击某个节点时,该节点以及关联边会在社交关系网中高亮显示,其社交成员分布以及行为时间分布会在个人社交分析视图中展示;同时,该节点的行为特征会在行为特征矩阵视图中高亮显示。除此之外,在系统中,用户可以拖动滑动条自主设置社交强度阈值区间,如图 6.17(c)所示。当边的社交强度值不在阈值区间时,它就会在社交关系网中消失。通过联合性别和宿舍信息,用户就可以挖掘更多的信息,例如情侣、同宿舍好友及同宿舍的陌生人等。

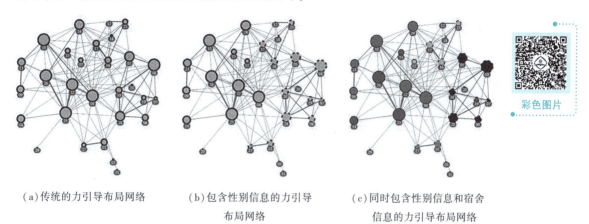

(a)传统的力引导布局网络　　(b)包含性别信息的力引导　　(c)同时包含性别信息和宿舍
　　　　　　　　　　　　　　　　布局网络　　　　　　　　　　　信息的力引导布局网络

图 6.17　学生社交关系网

(2)层级社区结构。为了用户可以直观地观察社交关系网的社区构成以及社区间的关联,本系统设计了一个层级超图视图,支持用户在引导布局网络结构的基础上以交互拖动的方式分析社区结构。当用户选中"社区划分"复选框后,社交关系网中属于同一社区的学生节点会被赋予相同的底色色块,如图 6.18(a)所示,不同的底色代表不同的社区。同时,社区图标会出现在层级超图视图的底部,如图 6.16(e)所示,社区图标的编号规则为"i-j",代表第 i 层的第 j 个社区。为了便于观察,用户可以通过拖动的方式将属于同一个社区的学生节点拉近,则这些节点的底色块会自动合并为一个更大的色块,如图 6.18(b)所示,通过该图可以清晰地了解整个学生关系网络被划分几个社区,每个社区包含哪些学生。当单击社区编号时,该社区在层级超图中会高亮显示,同时该社区的成员分布以及行为时间分布会显示在社区分析视图中。

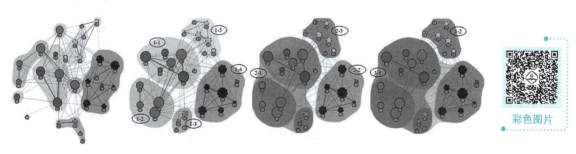

(a)初始的社区检测结果　　(b)第一层社区结构　　(c)第二层社区结构　　(d)第三层社区结构

图 6.18　不同社区的层级融合过程

当用户选中"社区层级融合"复选框后,整个网络的层级社区结构会显示在层级超图视图中,同时该层级社区结构中所有社区的编号也会显示在层级超图视图的底部。通过该图,用户可以清晰地观察到整个层级结构中共有多少层,每层包含几个社区,每个社区包含哪些节点,以及不同的社区如何融合形成一个更大的社区。例如,图 6.18 所示为一个包含 29 个学生节点的社交关系网的三层社区结构,图6.18(b)所示为共包含五个社区的第一层社区结构,社区编号均以"1-"作为前缀。图6.18(c)展示了包含三个社区的第二层社区结构,社区编号以"2-"作为前缀,通过观察可以发现,社区"2-1"由第一层的社区"1-1""1-2""1-3"合并而成,社区"2-2"和"2-3"分别与第一层的社区"1-4"和"1-5"保持一致。图6.18(d)展示了包含两个社区的第三层社区结构,社区编号以"3-"作为前缀,其中,社区"3-1"由社区"2-1"和"2-2"合并而成,社区"3-2"与社区"2-3"保持一致。

2. 社区社交关系分析视图

本系统利用极坐标堆叠图、极坐标散点图分别展示了学生社区的成员分布以及成员的行为时间分布,当用户点击图6.16(e)中的社区图标后,就可以在该视图中直观地了解社区的相关特点。

(1)社区成员组成分布。了解学生社区的成员组成分布可以为管理工作提供非常有价值的信息,包括理解社区的形成原因,以及如何改善社区社交关系等。例如,当一个社区完全由住在同一个宿舍的学生构成时,表明该宿舍同学间的社交关系融洽,每个学生都可以获得来自亲密室友的社会支持,这为他们的身心健康和学习生活创造了良好的氛围。但是,辅导员也应鼓励他们积极与其他社区的同学进行交流,以获取更多的学习资源或信息。相反,如果一个社区由来自不同宿舍的学生构成时,该社区不仅可以作为信息传播的主要渠道,而且可作为提升群体凝聚力的主要介质。利用极坐标堆叠图从性别、宿舍、成绩及学生干部四个维度展示社区的成员分布,如图6.16(f)所示,该图中每个扇形代表一个维度,扇形中不同的色块代表该维度下不同的类别。其中,性别维度的绿色色块和蓝色色块分别表示男性和女性;宿舍维度的不同色块代表不同的宿舍;成绩维度的绿色、蓝色、浅蓝色、橙色及红色分别表示优秀、良好、中等、及格以及较差的学业等级;班干部维度的绿色代表学生干部。同时,各个色块上的数字表示了属于该类别的成员数量。通过观察该图,用户可以清晰地了解社区成员在各个维度的分布情况。例如,社区"1-2"由住在同一个宿舍的四个男生组成,他们的学业成绩分别是优秀、中等、及格及较差,而且有一名学生干部。基于这些信息,用户可以衡量社区成员的多样性,分析社区形成的原因,判断一个社区是否有利于学生成长等。

(2)社区成员行为时间分布。除了社区成员分布,教育从业者也非常关心社区成员的行为时间分布是否符合学校的作息安排,为此,采用极坐标散点图展示社区内所有成员各种行为的时间分布,如图6.16(g)所示。图中的圆圈表示校历日期,最里面的圆圈表示学期的第一天,依次类推,最外面的圆圈表示学期的最后一天;极坐标轴表示具体时间,由于学生在凌晨0:00—5:00之间的行为数据非常稀疏,为了充分利用空间,该图的时间范围设置为5:00—22:00;图中每个点代表一个社区成员的一次行为记录,不同颜色的点代表不同的行为,例如蓝色点表示就餐行为,橙色点表示购物行为,绿色点表示淋浴行为等。根据行为日期、时间以及行为类型在极坐标散点图中展示社区内所有成员的行为记录,用户可以通过该图观察社区成员各种行为的时间分布情况,进而了解某种行为的频次以及是否规律等特点。

3. 个人社交关系分析视图

本视图采用与社区分析视图一样的可视化组件,协助用户分析学生个体的社交关系和行为特点，即利用极坐标堆叠图从多维度展示学生个体的社交成员分布，如图 6.16(h)所示；利用极坐标散点图展示学生个体的行为时间分布，如图 6.16(i)所示。当学生在社交关系网中单击学生节点时，该学生的社交成员以及行为时间分布就会展示在该视图中，学生个体的社交成员不再局限于所在社区，而是扩展至整个关系网，而且可以通过动态地调整社交强度阈值观察社交成员的变化情况。例如，用户可以将社交强度阈值范围设置为$[\tau_1,1]$，(其中，τ_1为大于等于 0 且小于 1 的任意数值)，那么只有与该学生的社交关联强度值在阈值范围内的成员会被统计展示在极坐标堆叠图中，然后可以将 τ_1 增加至 τ_2(其中，τ_2 为大于 τ_1 且小于 1 的任意数值)，以观察社交成员的分布变化。通过观察学生个体的社交成员分布，用户可以快速地发现社交异常或者社交活跃的学生个体。同时，通过观察极坐标散点图，用户可以了解学生各种行为的时间分布，以此判断该学生的生活是否规律，学习是否勤奋等。当用户在层级社区视图中单击多个学生节点时，则可以在此对比分析不同学生间的差异。

4. 行为特征矩阵视图

为了用户可以更加深入、综合地理解学生的行为特征，设计了一个行为特征矩阵视图，如图 6.19 所示，该视图采用人们熟悉的表格样式，可以在有限的空间展示丰富的信息，矩阵单元格采用颜色进行编码，较深的颜色代表较大的值。在矩阵图中，列和行分别表示学生和行为特征，每列代表一个学生，每行代表一个行为特征，行左侧的符号代表行为特征，例如，SH_FRE 表示购物频次，NMINT_MEAN 表示每天登录网关最早时间的平均值；单元格表示学生行为特征值，当用户将鼠标移动到单元格时，则会弹出详细信息，包含学号、特征名称和特征值。

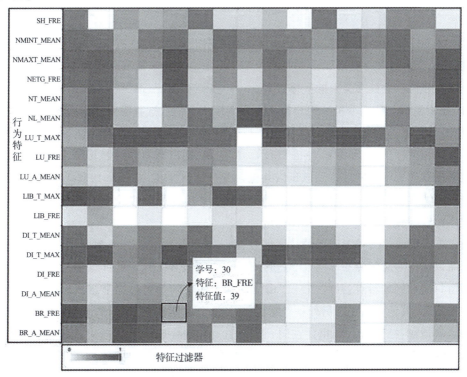

图 6.19 行为特征矩阵视图

由于不同特征值的数量级存在差异,以及不同学生在同一特征上的值也存在较大差异,首先采用 Min-Max 方法对各个特征值进行归一化,然后将转化后的值映射到相应的颜色,颜色越深表示特征值越高。在一些应用场景中,管理者更多关注行为特征值在某个范围内的学生,例如吃早餐次数很少的学生。为此,该矩阵视图还提供了一个特征值过滤器,用户通过拖动滑动条可以设置特征值范围,只有在该范围内的单元格保留原来的颜色,其他单元格的颜色都显示空白,以此增强视觉对比,方便观察。用户可以根据应用需求灵活地调整特征的阈值范围,以观察在该范围内的学生分布。同时,当用户在社交关系网中单击学生节点时,则该学生在矩阵视图中对应的列会高亮显示,从而可以清晰地了解每个学生的学业成绩、行为特征,以及学生间的差异。除此之外,为了探索行为特征与学业成绩的相关性,该视图支持以交互方式将学生按学业成绩或行为特征值进行排序。用户一方面可以纵向对比具有不同学业成绩的学生在行为特征上的差异,以分析影响个体学生成绩好坏的潜在原因;另一方面可以横向观察每个行为特征随着成绩下降而呈现的变化趋势,以从宏观上探索行为特征和学业成绩的相关性。类似地,点击单个特征,则可以将所有学生根据特征值进行降序或升序排列,进而横向观察学业成绩随着特征值变化呈现的趋势,以进一步探索行为特征和学业成绩的相关性。

6.2.5 案例分析

为了验证可视化系统的有效性,邀请了某学校 1102 班级 29 名学生作为志愿者,从班集体建设和社交异常检测两方面分析他们在大一春季学期的社交关系。

1. 案例 1——班级凝聚力建设

对于班主任和辅导员而言,了解班级社交关系网的整体情况、社区构成、社区特点及社区融合过程,对于班级管理具有非常重要的作用。下面将从社区挖掘和社区融合两方面阐述使用可视系统分析学生社交关系的具体过程。

(1) 社区挖掘与特点分析。用户首先在查询模块中依次选择学院、专业、班级以及学年和学期,单击"查询"按钮后,可以在层级超图视图中看到该班级整体的社交关系网,该图默认包含了性别和宿舍信息,如图 6.18(c)所示。接下来,用户选中"社区划分"复选框,再通过简单的拖动操作就可以清晰地看到该班级共包含五个基本社区,如图 6.19(b)所示。通过提高社交强度阈值,可以清晰地发现每个小团体内部成员具有紧密的社交关系,而团体间成员的社交关系比较稀疏。

用户单击层级超图视图底部的社区编号,则在社区社交关系分析视图中会显示该社区的成员分布以及行为时间分布。图 6.20 所示为 1102 班级五个社区的详细信息,通过观察该图可以了解每个社区的特点:社区"1-1"由住在两个宿舍的 7 名男同学组成,其中 5 名同学住在同一个宿舍,其他两名住在另外一个宿舍,5 名学生成绩较差,他们的三餐行为时间分布相对集中且有规律;社区"1-2"由住在同一宿舍的 4 名男性同学组成,学业成绩差异较大,且就餐行为时间散乱,例如早餐时间从大约 6:30 持续到 9:30 左右,说明这 4 名同学的行为并不规律,或者可能每个学生都有各自的生活行为;社区"1-3"由住在同一个宿舍的 4 名女同学构成,2 名同学成绩中等,2 名同学成绩较差,三餐行为较少,早餐行为集中且比较规律,午餐和晚餐行为则比较分散;社区"1-4"由7名女学生组成,其中6名学生住一个宿舍,另外1名同学住在其他宿舍,1名学生成绩优异,其余6名学生成绩中等以下,行为时间比较散乱;社区"1-5"由7名学生组成,包含6名女生和1名男生,分别住在3个宿舍,除了2名同学成绩不理想之外,其他学生的成绩都属于良好以上,该社区成员的行为时间分布非常集中且规律,早餐时间多在8:00之前,午餐时间集中在11:40左右,晚餐时间在17点左右,非常符合学校的作息时间安排。除此之外,每个社区都有1名学生干部。基于上述社区特点,关于该班级内社区形成的原因可以得到以下结论:①性别同质,除了社区"1-5"之外,其他社区都是有同性别的学生组成;②宿舍同质,5个社区基本都是由同一个宿舍的成员构成;③成绩异质,每个社区学生的成绩并没有呈现出明显的同质特性,甚至在有些社区中呈现了较大的差异,例如社区"1-2",这说明该班级学生不是根据学业成绩建立社交关系。除此之外,可以发现行为特点与学业成绩的相关性存在着很大的性别差异,对于该班级的女学生而言,规律的生活作息通常可以带来良好的成绩,然而,这种相关性对于男同学并不明显。通过和教育管理者的沟通发现,该班级的结论非常符合大一学生的社交特点,即大一学生通常以宿舍为单位构建社交关系。

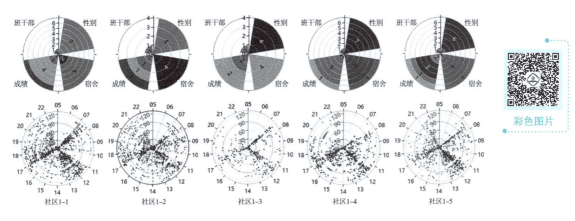

图 6.20　1102 班级各个社区的成员分布以及行为时间分布

(2)班级社区融合。用户在层级超图视图中选中"社区层级融合"复选框,就可以直观地查看班级社区的逐层融合过程,见图6.18。通过观察不同层级中社区成员的分布情况,可以得到以下关于社区融合的结论:①跨宿舍特性,男同学更愿意跨宿舍开展社交,社区"2-1"基本包含了住在不同宿舍的所有男生;相反,女同学进行跨宿舍社交的意愿较低,例如包含7名女生的社区"1-4"在第二层并没有被融合,包含6名女生的社区"1-5"则在整个层级结构中始终保持独立;②跨性别特点,社区"2-1"包含了11名男同学和4名女同学,社区"3-2"则包含了11名男同学和11名女同学,这说明男女同学随着社区的逐渐融合可以增强交流;③同成绩特点,尽管该班级中的社区并没有呈现出明显的"同成绩特质",即同一社区的学生成绩非常趋同,但是也发现了一个有趣的现象,社区"1-5"学生的学业成绩明显好于其他社区,该社区在融合过程中始终保持独立。这可能是因为该社区学生的成绩优秀,而且在社区内部已经可以获得足够的情感支持,因此与其他同学进行社交的意愿就很低。这也提醒班主任应该鼓励该社区的学生积极与其他同学沟通交流,充分发挥他们在学习方面的优势,带动同学们一起进步。上述可视化分析表明,本系统可以高效地辅助教育管理者理解学生社交关系网的社区构成,每个社区的特点、社区的层级融合过程以及影响融合的因素。

2. 案例2——社交关系异常学生预警

本案例介绍如何快速发现社交异常的学生,了解社交异常的原因,并给出具体的改进措施。

(1)社交异常学生识别。为了快速识别社交异常的学生,用户可以首先在社交关系网中观察学生节点的大小以及关联边的粗细,然后单击疑似节点,在个人社交关系分析视图中观察社交成员的具体情况,对于社交成员少且社交强度非常弱的学生,可以将其视为社交异常学生。例如,通过观察社交关系网可以发现29号学生的节点小,而且与其他同学的社交关联非常弱,属于潜在的社交异常学生。班主任可以单击该节点,在个体分析视图中进一步观察该学生的具体情况,通过拖动社交强度滑动条,可以动态地观察29号学生在不同社交强度下的好友分布情况,如图6.21(a)~(d)所示。当社交强度阈值是0.00时,29号学生共有13位社交成员,然而随着社交强度阈值的增加,该学生的社交成员迅速减少,当社交强度阈值是0.05时,29号学生仅剩下一个社交成员,当社交强度阈值是0.10时,该生已经没有任何社交成员。这说明29号学生不仅社交成员少而且社交强度弱。为了进一步对比验证该结论,随机选择了社交活跃的04号学生进行对比,如图6.21(e)~(h)所示,在社交强度阈值等于0.00时,04号学生共有28位社交成员,表示04号学生和全班同学都存在社交关联关系,即使在社交强度阈值是0.15时,04号学生仍然有5位社交成员。通过对比可以发现,29号学生属于社交异常的学生,他几乎不与同学进行交流,辅导员需要给予重点关注。

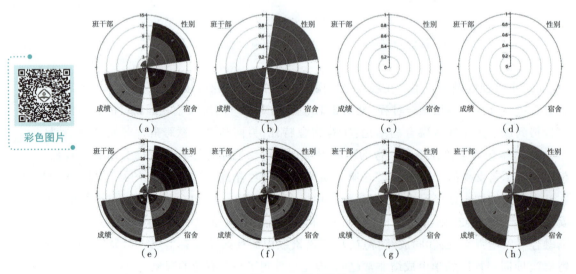

图6.21 学生的社交成员分布

(2)原因分析。对于社交异常的学生,需要分析原因并给出具体的改进建议。图6.22(a)展示了04号和29号学生的行为时间分布图。观察该图可以发现,29号学生在校园内的活动记录非常稀少,基本没有在食堂吃早餐的行为,考虑到早上订外卖的可能性很少,这说明该学生很少吃早饭。由于绝大多数学生通常会在11:30下课后直接到食堂就餐,而该学生的午餐时间在13:00之后,这大概率说明29号上午没有上课。同时,该学生的午餐时间和饭餐时间混为一体,这些都表明他的生活非常不规律,存在逃课现象,而且进入考试复习阶段后基本不在学校学习。相反,04学生从学期开始至学期结束在校园内一直有大量的活动记录,这表明该学生一直在学校学习,而且其校园生活行为非常有规律,例如早餐时间分布在8点左右,午餐时间分布在11:30左右,晚餐时间则分布在17:00—18:00之间。同时,图6.22(b)在行为特征矩阵视图中高亮显示了04号和29号学生的行为特征,可以对比查看他们在每个具体特征值的差异,包括一日三餐的频次、就餐时间规律程度、进入图书馆次数、上网流量以及上网时长等行为特征,例如04号学生有59次早餐行为,29号学生则仅有3次。不同于行为时间分布图,行为特征矩阵视图从数值的角度表达学生的行为特征。

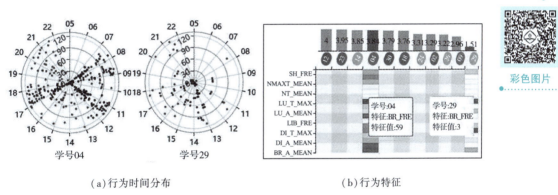

(a)行为时间分布　　　　　　(b)行为特征

图6.22　29号学生和04号学生的行为模式对比

上述结论表明,29号学生经常缺席学校的教学活动,而且生活不规律,这在一定程度上也找到了该学生成绩差的原因。辅导员应该要求该学生根据学校的时间表按时作息,按时上课,积极主动与同宿舍或者同性别的学生进行交流,期末阶段在校内认真复习。

小　结

本章以面向公交出行的可视化交叉检索系统和面向学生校园大数据的可视化分析系统为例,通过对两个实际可视化系统的需求分析、主要功能、整体框架、视图设计和案例分析等各个方面的详细介绍,向读者详细、完整地展示了数据可视化系统的设计流程,以及相关可视化方法的特点。

习 题

请选择一个感兴趣的领域(如商业数据展示分析、媒体新闻数据可视化、气候气象数据可视化、金融数据可视化、医疗卫生数据可视化等),明确其可视化应用需求,并参考本章中的数据可视化综合应用案例,利用第 4 章与第 5 章的相关内容,完成一件综合的数据可视化应用作品。

参考文献

[1] 陈为. 数据可视化[M]. 2版. 北京:中国工信出版集团,2019.

[2] SU Y H, LIANG Y, ZHANG Z K. Image-based wind power curve data cleaning algorithm via the Matching of deformation template[C]. International Conference on Computer, Control and Robotics, 2021:340-345.

[3] SU Y, YU J, Mohamed Sarwat. Demonstrating spindra:a geographic knowledge graph management system[C]. IEEE 35th International Conference on Data Engineering, 2019:2044-2047.

[4] YU C. Research of time series air quality data based on exploratory data analysis and representation[C]. Fifth International Conference on Agro-Geoinformatics(Agro-Geoinformatics), 2016:1-5.

[5] BIRANT D, KUT A. ST-DBSCAN:An algorithm for clustering spatial-temporal data[J]. Data & Knowledge Engineering, 2007,60(1):208-221.

[6] TOMINSKI C. Event-based visualization for user-centered visual analysis[D]. Schwerin:University of Rostock, 2006.

[7] KEIM D A, KOHLHAMMER J, GELLIS G, et al. Mastering the information age-Solving problems with visual analytics[M]. Eindhoven:Eurogrophics Association, 2010.

[8] HEER J, ROBERTSON G. Animated transitions in statistical data graphics[J]. IEEE Transactions on Visualization and Computer Graphics, 2007,13(6):1240-124.

[9] LIU S, ZHOU M X, PAN S, et al. Tiara:Interactive, topic-based visual text summarization and analysis[J]. ACM Transactions on Intelligent Systems and Technology, 2012, 3(2):1-28.

[10] HAVRE S, HETZLER B, NOWELL L. ThemeRiver:Visualizing theme changes over time[C]. IEEE Symposium on Information Visualization, 2000:115-123.

[11] JO J, HUH J, PARK J, et al. LiveGantt:Interactively visualization a large manufacturing schedule[J]. IEEE transactions on visualization and computer graphics, 2014, 20(12):2329-2338.

[12] MATTHEW O. WARD, GUO Z Y. Visual exploration of time-series data with shape space projections[J]. Computer Graphics Forum, 2011,30(3):701-71.

[13] HU Y, WU S Y, XIA S H, et al. Motion track:Visualizing motion variation of human motion data[C]. IEEE Pacific Visualization Symposium, 2010:153-160.

[14] ELZEN S, HOLTEN D, BLASS J, et al. Reducing snapshots to points:A visual analytics approach to dynamic network exploration[J]. IEEE transactions on visualization and computer graphics, 2016, 22(1):1-10.

[15] MCLACHLAN P, MUNZNER T, KOUTSOFIOS E, et al. LiveRAC—Interactive visual exploration of system management time-series data[C]// Proceedings of the SIGCHI Conference on Human Factors in Computing

Systems. New York：Association for Computing Machinery, 2008：1483-1492.

[16] MCLACHLAN P, MUNZNER T, KOUTSOFIOS E, et al. LiveRAC-interactive visual exploration of system management time-series data[J]. ACM SIGCHI, 2008：1483-1492.

[17] ZHAO J, CAO N, WEN Z, et al. FluxFlow：Visual analysis of anomalous information spreading on social media[J]. IEEE transactions on visualization and computer graphics, 2014, 20(12)：1773-1782.

[18] RAUTENHAUS M, KEM M, SSCHAFLER A, et al. Three-dimensional visualization of ensemble weather forecasts—Part 1：The visualization tool Met. 3D (version 1.0)[J]. Geoscientific Model Development, 2015, 8(7)：2329-2353.

[19] SVAKHINE N, JANG Y, EBERT D S, et al. Illustration and photography-inspired visualization of flows and volumes. IEEE Visualization[C]. 2005：687-694.

[20] MCLOUGHLIN T, LARAMEE R S, PEIKERT R, et al. Over two decades of integration-based, geometric flow visualization[J]. Computer Graphics Forum, 2010, 29(6)：1807-1829.

[21] TRICOCHE X. Tensor field topology[EB/OL]. IEEE Visualization Tutorial：Tensors in visualization, 2010. http://people.kyb.tuebingen.mpg.de/tschultz/visweek10/tricoche-topology.pdf.

[22] SHEN H, KAO D L. A new line integral convolution algorithm for visualizing time-varying flow fields[J]. IEEE Transaction on Visualization and Computer Graphics, 1998, 4(2)：98-108.

[23] CHEN G, PALKE D, LIN Z H, et al. Asymmetric tensor field visualization for surfaces[J]. IEEE Transactions on Visualization and Computer Graphics, 2011, 17(12)：1979-1988.

[24] HUANG J, TONG Y, WEI H, et al. Boundary aligned smooth 3D cross-framefield[J]. ACM Transactions on Graphics, 2011, 20(6)：1431-1438.

[25] VILANOVA A, ZHANG S, KINDLMANN G, et al. An introduction to visualization of diffusion tensor imaging and its applications[G]. Visualization and Processing of Tensor Fields, 2006：121-153.

[26] BREWER C, HARRORWER M. Color Brewer, 2012. http://colorbrewer2.org, accessed.

[27] 马秋梅, 江兴涛, 曾琦峰, 等. 川剧文化大数据可视分析[J]. 计算机与图形学学报, 2023(7)：1-12.

[28] LYU Y, LIN T, LI F, et al. Deltaedit：Exploring text-free training for text-driven image manipulation[C]. Proceedings of the IEEE/CVF Conference on Computer Vision and Pattern Recognition, 2023：6894-6903.

[29] MCLOUGHLIN T, LARAMEE R S, PEIKERT R, et al. Over two decades of integration-based, geometric flow visualization[J]. Computer Graphics Forum, 2010, 29(6)：1807-1829.

[30] WATTENBERG M. Visual Exploration of Multivariate Graphs[C]// Proceedings of the SIGCHI Conference on Human Factors in Computing Systems. New York：Association for Computing Machinery, 2006：811-819.

[31] EADES P. A heuristic for graph drawing[J]. Congressus Nutnerantiunt, 1984(42)：149-160.

[32] THOMAS M J, FRUCHTERMAN, EDWARD M, et al. Graph drawing by force-directed placement[J]. Software Practical Experience, 1991, 21(11)：1129-1164.

[33] LAMBERT A, BOURQUI R, AUBER D. Winding roads：Routing edges into bundles[J]. Computer Graphics Forum, 2010, 29(3)：853-862.

[34] MUELLER C, MARTIN B, LUMSDAINE A. A comparison of vertex ordering algorithms for large graph visualization[C]. International Asia-Pacific Symposium on Visualization, 2007：141-148.

[35] SHEN Z, KWAN L M. Path visualization for adjacency matrices[C]. Eurographics/IEEE Symposium on Visualization, 2007.

[36] FRUCHTERMAN T M J, REINGOLD E M. Graph Drawing by Force-Directed Placement[J]. Software：

Practice and Experience,1991,21(11):1129-1164.

[37] JAVED W, ELMQVIST N. Exploring the design space of composite visualization[C]. IEEE Pacific Visualization Symposium,2012.

[38] HENRY N, FEKETE J D. MatrixExplorer:A dual-representation system to explore social networks[J]. IEEE Transactions on Visualization and Computer Graphics,2006,12(5):677-684.

[39] HENRY N, FEKETE J D, MICHAEL J M. NodeTrix:A hybrid visualization of social networks[G]. IEEE Transactions on Visualization and Computer Graphics,2007,13(6):1302-1309.

[40] PALEY W B. TextArc:Showing word frequency and distribution in text[C]. IEEE Symposium on Information Visualization, Poster,2002.

[41] DON A, E. ZHELEVA M. GREGORY S,et al. Discovering interesting usage patterns in text collections: integrating text mining with visualization[C]. ACM Conference on information and knowledge management, 2007:213-222.

[42] OELKE D, HAO M, ROHRDANTZ C, et al. Visual opinion analysis of customer feedback data[G]. IEEE Visual Analytics Science and Technology,2009:187-194.

[43] CAO N, SUN J, LIN Y R, et al. Facetatlas:Multifaceted visualization for rich text corpora[J]. IEEE transactions on visualization and computer graphics,2010,16(6):1172-1181.

[44] LUHN H P. A business intelligence system[J]. IBM Journal,1958,2(4):314-319.

[45] WEI J, SHEN Z,SUNDARESAN N, K.-L. MA K L. Visual cluster exploration of web clickstream Data [C]. IEEE Symposium on Visual Analytics Science and Technology,2012:3-12.

[46] REN D, ZHANG X, WANG Z,et al. WeiboEvents:A crowd sourcing weibo visual analytic system[G]. PacificVis ,2014:330-334.

[47] FERSTL F, BURGER K, WESTERMANN R. Streamline variability plots for characterizing the uncertainty in vector field ensembles[J]. IEEE Transactions on Visualization and Computer Graphics,2016,22(1): 767-776.

[48] ZHAO J, LIU Z, DONTCHEVA M, et al. MatrixWave:Visual comparison of event sequence data[C]// Proceedings of the 33rd Annual ACM Conference on Human Factors in Computing Systems. New York: Association for Computing Machinery, 2015:259-268.

[49] 陈为,王桂珍,严丙辉. 复杂有序数据的可视化[J]. 中国计算机协会通讯,2011(4):17-22.

[50] MINELLI R, LANZA M. Software analytics for mobile applications—insights & lessons learned[C]. IEEE 2013 17th European Conference on Software Maintenance and Reengineering,2013:144-153.

[51] TAO J, WANG C, CHAWLA N V, et al. Semantic flow graph:A framework for discovering object relationships in flow fields[J]. IEEE Transactions on Visualization and Computer Graphics,2017,24(12): 3200-3213.

[52] CUENCA E, SALLABERRY A, WANG F Y, et al. Multistream:A multiresolution streamgraph approach to explore hierarchical time series[J]. IEEE Transactions on visualization and computer graphics,2018,24 (12):3160-3173.

[53] LATOS-BROZIO M, MASEK A. Natural polymeric compound based on high thermal stability catechin from green tea[J]. Biomolecules,2020,10(8):1191.

[54] TAKAYAMA K, OKABE M, IJIRI T, et al. Lapped solid textures:Filling a model with anisotropic textures [C]// ACM SIGGRAPH 2008 papers. New York:Association for Computing Machinery,2008:1-9.

[55] LATIF S, CHEN S, BECK F. A deeper understanding of visualization-text interplay in geographic data-

driven stories[J]. Computer Graphics Forum, 2021, 40(3): 311-322.
[56] VOINEA L, TELEA A, VAN W J J. CVSscan: Visualization of code evolution[C]. Proceedings of the 2005 ACM symposium on Software visualization, 2005: 47-56.
[57] FRUCHTERMAN T, REINGOLD E. Graph drawing by force-directed placement[J]. Software: practice and experience, 1991, 21(11):1129-1164.
[58] Zhao J, KARIMZADEH M. MetricsVis: A visual analytics system for evaluating employee performance in public safety agencies[J]. IEEE Transactions on Visualization and Computer Graphics, 2020, 26(1): 1193-1203.
[59] RAUTENHAUS M, BOTTINGER M, SIEMEN S, et al. Visualization in meteorology: a survey of techniques and tools for data analysis tasks[J]. IEEE Transactions on Visualization and Computer Graphics, 2017, 24(12): 3268-3296.
[60] ZENG W, FU C W, ARISONA S M, et al. Visualizing mobility of public transportation system[J]. IEEE transactions on visualization and computer graphics, 2014, 20(12): 1833-1842.
[61] SULTANUM N, SINGH D, BRUDNO M, et al. Doccurate: A curation-based approach for clinical text visualization[J]. IEEE transactions on visualization and computer graphics, 2018, 25(1): 142-151.